U0178190

编　委　会

主　任
张仁海

副主任
蔡国璐　李德元　杨志荣　黄国余　洪中贤

撰　稿
卢一鸣　王铁牛　卢　政　陈苏成

摄影/美工
卢志农　朱　敏　唯　人

华　捷　贡云中　马栋明

美食顾问
张荣华

寻味丹阳

丹阳市旅游协会
丹阳市餐饮行业协会 主编

江苏大学出版社
JIANGSU UNIVERSITY PRESS

镇江

图书在版编目(CIP)数据

寻味丹阳 / 丹阳市旅游协会,丹阳市餐饮行业协会
主编. — 镇江:江苏大学出版社,2023.11
ISBN 978-7-5684-2035-8

Ⅰ. ①寻… Ⅱ. ①丹… ②丹… Ⅲ. ①饮食－文化－
丹阳 Ⅳ. ①TS971.202.534

中国国家版本馆 CIP 数据核字(2023)第 204667 号

寻味丹阳
Xunwei Danyang

主　　编/丹阳市旅游协会　丹阳市餐饮行业协会
责任编辑/宋燕敏
出版发行/江苏大学出版社
地　　址/江苏省镇江市京口区学府路 301 号(邮编:212013)
电　　话/0511-84446464(传真)
网　　址/http://press.ujs.edu.cn
排　　版/镇江市江东印刷有限责任公司
印　　刷/江苏德埔印务有限公司
开　　本/787 mm×1 092 mm　1/16
印　　张/13
字　　数/326 千字
版　　次/2023 年 11 月第 1 版
印　　次/2023 年 11 月第 1 次印刷
书　　号/ISBN 978-7-5684-2035-8
定　　价/118.00 元

如有印装质量问题请与本社营销部联系(电话:0511-84440882)

序

　　丹阳历史悠久，人杰地灵；菜肴独具特色，值得寻味。

　　丹阳四季分明，物产丰富。粮食作物一年两熟，以水稻、小麦为主，还有油菜、大豆、玉米、大麦、荞麦、山芋、花生、芝麻、乌豇豆、赤豆、绿豆等粮食和经济作物。

　　蔬菜种植一年四季品种繁多，春季盛产竹笋、青菜、莴苣、荠菜、马兰头、三瓣头（秧草）、韭菜、枸杞头、香椿等；夏季盛产豇豆、茄子、四季豆、黄瓜、金针菜、苋菜、葫芦、丝瓜、番茄、菊花头等；秋季盛产扁豆、南瓜、冬瓜、茭白、红菱、莲藕、芋头、蓬花、白萝卜、红萝卜、胡萝卜、菠菜、药芹、香菜、花菜、卷心菜等；冬季盛产水芹、荸荠、慈姑、大白菜等。

　　水产类有河豚、刀鱼、鲥鱼、鲴鱼、青鱼、草鱼、鳜鱼、白鲢、花鲢、黑鱼（乌鲤）、昂公、鲫鱼、泥鳅、黄鳝、甲鱼、河蚌、螺蛳、河虾、螃蟹等。

　　家畜家禽类有猪、牛、羊、兔、鸡、鸭、鹅等。食用菌有平菇、金针菇、草菇等。

　　在长期的衣食住行中，勤劳的丹阳人民以独特的生活方式和文化传统，以及流传下来的厨艺，创造了具有地方特色的饮食文化和餐饮美食，不断改善和丰富自己的物质和精神生活。在长期的劳动实践中，丹阳人民创造了大麦粥、丹阳硝（肴）肉、延陵鸭饺、橄榄油河豚鱼等名扬四海的特色佳肴。

　　民以食为天。为了充分挖掘和弘扬丹阳饮食文化宝库，使其更好地为发展经济、改善群众生活条件、丰富市民精神文化生活发挥应有的服务功能，我们组织编撰了《寻味丹阳》一书。全书收录文稿182篇，从"历史、民俗、消费、特产"等各个领域，多角度、多侧面展示"丹阳味道"的丰富内涵和独特风貌。这本书的出版可从餐饮文化的视野，进一步展示丹阳新时代的新风貌、新形象。

　　第一，彰显历史，弘扬文化，宣传丹阳。本书通过"丹阳味道"这条"味觉"线索，展示古城丹阳历史悠久、人杰地灵的文化魅力，激发人们对"生我养我"的这片土地的认同感和自豪感，让人们更加热爱家乡、热爱生活，增强社会向心力。

　　第二，发扬优秀饮食文化传统，不断改善和美化生活。饮食在生活中占据着首要位置，一日三餐吃什么、怎么吃，什么东西好吃、什么东西吃着健康，去哪儿吃，那里的东西为什么好吃，等等，是每个人日常生活中首先考虑的问题，也是特别关心的问题。《寻味丹阳》可以为读者提供一定的参考和指南，帮助读者更好地享受美食，改善生活，吃出健康。

第三，打造经典美食，推动经济发展。打造富有地方特色的经典美食，是优化营商环境、吸引资本投资的重要举措。正如歌中所唱"朋友来了有好酒"，在我们中华民族的餐饮文化中，饮食的魅力不可忽视，它代表着最真挚的情感和诚意。希望《寻味丹阳》这样一本满含情感和诚意的书，既能吸引"食客"，又能吸引"投资客"和"创业客"，以舌尖美味之福引来东西南北人，以餐饮文化之盛带来城市繁荣！

我们也希望借由编撰《寻味丹阳》，为新时期丹阳餐饮借鉴传统、古为今用、推陈出新聚力赋能，为消费者奉献更经典的味道、更受欢迎的美食。

张仁海

2023 年 8 月

目录

壹／从悠久的历史积淀中寻味丹阳

003 ／ 大麦粥

004 ／ 丹阳硝肉

005 ／ 贤桥牛肉

007 ／ 吕蒙烤饼

009 ／ 齐梁稻香肉

011 ／ 延陵鸭饺

012 ／ 一刀不斩狮子头

013 ／ 孟姜女千层饼

015 ／ 张埝盐水鹅

017 ／ 蟹黄汤包

018 ／ 高装细什烩

019 ／ 吕城冷切羊肉

020 ／ 泥鳅窜豆腐

021 ／ 金刚脐

023 ／ 丹阳生煎

025 ／ 硝肉面

027 ／ 兰陵盐水鸭

028 ／ 慈姑烧肉

029 ／ 秧草河蚌

031 ／ 芙蓉蛋

032 ／ 冰糖扒蹄

033 ／ 宫廷八宝饭

034 ／ 蒸饭

035 ／ 咸泡饭

036 ／ 糍粑

038 ／ 四牌楼酱肉

039 ／ 丹阳油煤鬼

040 ／ 丹阳御米粟

041 ／ 姜妈妈酒酿包子

贰／从多彩的民俗文化中寻味丹阳

045 / 脂油团子

046 / 涨蛋

047 / 泥头汤

049 / 鳝丝汤

050 / 界牌豆腐

051 / 四喜汤圆

052 / 糯米饭

053 / 丹阳米糕

055 / 丹阳馄饨

057 / 丹阳腊八粥

059 / 和菜

061 / 白玉猪手

063 / 访仙叫花子鸡

064 / 吕城绿豆饼

065 / 建山松花饼

066 / 手擀面

067 / 豆腐花

068 / 馓子

069 / 乌米饭

070 / 酥油烧饼

073 / 黄金炒饭

075 / 麻团

075 / 缠缠糖

077 / 面塑糕团

079 / 百叶结烧肉

080 / 吃讲茶

叁/从丰富的美食喜好中寻味丹阳

春天的故事

085 / 橄榄油河豚鱼

087 / 刀鱼馄饨

089 / 歪周咸肉汤

090 / 里蒜饼

092 / 吮螺螺

093 / 韭菜炒螺蛳

094 / 片儿汤

095 / "嘴巴子"鱼

096 / 春天尝野菜，育出皇后颜

夏天的记忆

099 / 谷口街臭豆腐

101 / 子虾烂黄瓜

102 / 山芋藤

103 / 乌豇豆饼

104 / 荞麦饼

105 / 蓬花菜饭

106 / 茄饼

107 / 白汤面

秋天的韵味

109 / 大闸蟹煲粥

110 / 鲜菱蟹粉狮子头

111 / 蟹黄烧卖

112 / 鲜菱炖豆腐

113 / 几叉饼

114 / 番瓜饼

115 / 清蒸鳊鱼

冬天的温度

117 / 埤城羊肉

118 / 青菜烧羊肉

119 / 羊肉烂糊面

121 / 二婆梅公蛋

122 / 恒升百花红醉蟹

125 / 红烧青鱼尾

125 / 白煨鲢子头

127 / 鸭青烧

128 / 丹阳人最爱的冬令蔬菜

肆/从富饶的地方特产中寻味丹阳

133 / 丹阳封缸酒　　　　141 / 里庄黄酒

134 / 丹阳香醋　　　　　142 / 练湖红菱

136 / 陵口萝卜干　　　　143 / 练湖莲藕

137 / 里庄水芹　　　　　144 / 家制豆酱

138 / 蒋墅茭白　　　　　145 / 丹阳香茗

139 / 丹阳梨膏糖

伍/钩沉拾遗

148 / 塘醴炒索粉　　　　150 / 还米狗饼

149 / 吕城白鱼　　　　　151 / 汤氏桑葚酒

附录／食苑探踪

丹阳传统饮食文化里的节庆习俗

164 ／ 定格在饮食文化里的人生"百宴"

170 ／ 源远流长的丹阳大麦饮食文化

175 ／ 丹阳的鱼文化

180 ／ 糯米里的丹阳民俗

184 ／ 漫话丹阳馒头

185 ／ 林洪《山家清供》里的新丰酒法

186 ／《乾隆丹阳县志》物产精摘（卷之十）

192 ／《中国名酒志》里的丹阳封缸酒

194 ／ 镇江醋与曲阿酒

195 ／ 饮食对联选辑

196 ／ 访仙恒升坊官酱园招牌简介

从悠久的历史积淀中寻味丹阳

从悠久的历史深矿里挖掘经久不衰的丹阳味道

含英咀华

我们所感受的

不仅仅是美味

还有一份厚重的文化积淀

壹

大麦粥

　　大麦粥是丹阳独有的味道，至少有 1500 多年的历史，《梁书》里就记载过梁武帝萧衍在塘头村吃大麦粥治病养身的故事。而乾隆皇帝下江南到丹阳后，连着喝了几天大麦粥，情不自禁说的那句"丹阳人大麦粥命"，更让丹阳大麦粥名满天下。

　　话说乾隆皇帝第一次南巡时，一到丹阳，太监就命县官献上丹阳的土特名产。当年，丹阳正遭水灾，田地荒芜，贫苦百姓只能用大麦粥充饥。这粥喝起来倒也香喷喷的，很爽口，可是喝下去并不熬饥。县官灵机一动，就叫人满满地盛了一大盆，当作丹阳的土特产献给皇帝去了。

　　大麦粥呈上去，乾隆从来没见过，端过来闻闻，还挺香的。乾隆伸出舌头舔舔，这一舔倒舔出味道来了。他捧起粥碗咕噜咕噜地喝了起来，还连声称赞："好东西，好东西！"并吩咐县官多多进贡这东西来。旁边一个太监看了发笑，对皇帝说："丹阳百姓顿顿都吃这东西。"谁知皇帝一听，便摇头说："嗨！百姓吃的东西竟比我在京城里吃的还有味道呀！"县官听了传旨，不禁傻了眼。他本想把百姓荒年的饭食送给皇帝尝尝，让皇帝体察民间的疾苦，谁知……他想了半天才悟出一个道理来：原来皇帝在京城里天天吃的是鸡鸭鱼肉、山珍海味，现在喝点大麦粥，倒反而是尝"鲜"了，难怪他连声叫"好东西"。

　　乾隆皇帝坐在龙舟里，边喝着大麦粥边欣赏运河两岸的景色，乐得美滋滋的。龙舟行至丹阳东门城外周姓小村庄，整整停了三天（该村庄也因此改名为"定船村"，现为定船社区）。这一下，可苦了皇帝啦。这几天，县令遵照皇上的旨意，顿顿招待几大锅大麦粥，三天喝下来，把皇帝肚里的老油都刮光了。三天后，乾隆才乘着龙舟慢慢地驶出丹阳，并发出"丹阳人大麦粥命"的感叹。

　　大麦粥的烹制工艺非常独特。下面简要介绍一下制作流程：

　　原料：大麦籼（元麦粉）、大米、食用碱。

　　做法：1. 大米用凉水浸泡约半小时，淘净，加凉水大火煮沸；2. 煮沸后，不停火，不盖锅，使米粒开花；3. 大麦籼与凉开水、食用碱按一定比例在碗中调和成糊状，倒入烧开的米水中；4. 用勺子搅拌均匀，不要盖锅，等一两分钟，看着大麦粥沸腾上溢时再用勺子搅拌几下，约一分钟后熄火即可。

　　流程看似简单，实际操作却非常困难，须心灵手巧、经验丰富的人才能做得出来。总而言之，经过千百年的积淀，香喷喷最好吃的大麦粥只有到丹阳才能吃得到，也只有丹阳人才烧煮得出来。粳米香、大麦籼香、食用碱香完美地融合在一起，色泽温润，香糯可口，且有消解油腻、中和人体酸碱平衡的作用。尤其在今天人们山珍海味吃得过多的情况下，食用一点儿可口的大麦粥，更加彰显其不可多得的保健功效，是宴席上必点的主食之一。来到丹阳，不喝上一碗大麦粥，等于没接上地气。

2008 年，丹阳大麦粥入选丹阳市非物质文化遗产名录。

丹阳硝肉①

　　在历史悠久的"丹阳味道"里，丹阳硝肉排名第二当之无愧。一是丹阳硝肉和丹阳大麦粥一样，全国独一无二。二是说起丹阳硝肉的来历，还有一段神奇美妙的传说。

　　相传在南宋时期，有一对老夫妻在县城开了一家小酒馆，大年三十夜，妻子从街上买回一包土硝，因为家务事多，随手放在桌上忘了收。此时丈夫正在腌制猪肉，盐不够了，误把桌上的这包土硝当成盐抹在一块块精肉上。几天后，夫妻俩发现用土硝腌制的精肉颜色发红，肉质松软自然，煮熟了以后散发出阵阵诱人的香味，在一条街上都弥漫开来。恰巧此时八仙赴天庭蟠桃会归来，途经丹阳上空，被这股香味吸引，都不肯走了，于是降落云头，寻到这家小店里，一边饮酒，一边享用他们从未吃过的美味佳肴，不大会儿就把一大盘硝肉吃得精光，还赞不绝口，连连称道："妙哉！妙哉！"从此，这家小酒馆名气大振，他们独创的硝肉也一直流传至今，成为久负盛名的地方传统特色名菜。

　　丹阳硝肉的最大特色，在于选料严格，上等的硝肉只取猪的两腿上纯精的两块肉（俗称"老鼠"）腌制，每块分量不过半斤重，可谓是猪身上精华中的精华。成品色泽红润，香味浓郁，酥烂爽口，回味无穷。如今，硝肉还可以真空包装，携带方便，常被用于馈赠亲友。如果外出旅游，带上几包在路上享用，既有营养又开胃，还能补充体力，一举多得。

---

　　① 硝肉，即肴肉，是肴蹄肉的简称，用盐和硝水腌制而成，是丹阳的传统名菜。

贤桥牛肉

丹阳自古是七县要隘，水陆交通便利。清朝中叶，丹阳牛行兴起，不久便跻身全国"六大牛市"。牛市的兴旺促进了餐饮业的兴盛，为牛肉馆提供了品质极好的充足货源。

贤桥牛肉又称贤桥干切牛肉，与丹阳硝肉一样，在丹阳人的传统菜谱里处于冷菜系列中的金字塔尖位置。干切牛肉作为一道下酒菜，特别受食客们的青睐。早先，位于贤桥东门外大街有一家十分气派的牛肉馆名叫"世界牛肉馆"，这家牛肉馆的师傅能从牛市上选购到最好的牛腱子肉，采用独家熬制的老卤汁，配以茴香、桂皮、姜、葱、黄酒等丰富的调料，精心制作成五香干切牛肉。这家的干切牛肉别具风味，香气扑鼻，色泽酱红，纹理清晰，干香爽口，酥烂不碎，诱人食欲，堪称一绝。

尽管历经改朝换代，斗转星移，但"世界牛肉馆"的五香干切牛肉一直在贤桥东门外大街上被一代代的熟食店主和熟食师傅"匠心"相传，以"贤桥牛肉"的品牌享誉一方，久盛不衰。

2018 年，贤桥干切牛肉制作技艺入选丹阳市非物质文化遗产名录。

吕蒙烤饼

　　吕蒙烤饼历史悠久，可以追溯至东汉末年三国初期东吴大将吕蒙在吕城屯兵垦荒、筑城御敌的故事，距今已有 1800 多年。吕蒙在屯垦中发现，韭菜是非常好的蔬菜，味道鲜美，特别下饭，还有健胃止痢、消炎止痛的功效。

　　当时，行军打仗十分频繁，士兵们常常吃不上饭，影响战斗力。吕蒙见此情形，便令伙夫将韭菜切成细末，做成馅料，裹进面团摊成薄饼，放在锅里加油煎烤后分发给士兵当作干粮食用，很受士兵欢迎，士兵战斗力也大大提高。后人为纪念吕蒙，便把这韭菜饼称作"吕蒙烤饼"。

　　烙烤吕蒙烤饼技术要求很高，民间在制作方法及配料上也不断有所改进，但工序基本不变。制作前在韭菜中掺入碎肉、生猪油，使烤饼增加了肉香。制作时将面团捏成巴掌大的面饼，撒上黑芝麻，放在盘中润和后，包入韭菜碎肉馅，置入平底铁锅，用温火烙烤，边烤边加油边翻身，直至烤饼两面表皮呈金黄色，饼内韭菜碎肉发出香味。烤熟后的吕蒙烤饼薄而均匀，脆而入味，香气袭人，口感特爽。

　　2013 年，吕蒙烤饼制作技艺入选镇江市非物质文化遗产名录。

齐梁稻香肉

　　齐梁稻香肉是丹阳传统名菜，早在 1500 多年前，就与梁代开国皇帝萧衍（即梁武帝）有过不解之缘。

　　历史上，梁武帝不仅"文治武功"影响大，同时也因笃信佛教而有"菩萨皇帝"的称号，曾先后四次舍身同泰寺吃斋念佛。

　　公元 527 年的一天，梁武帝到了同泰寺后就对随从说："朕已决定舍身佛门，不打算再当皇帝了，你们都回去吧。"国不可一日无主，这下可把群臣们急坏了，他们只好天天去同泰寺，恳求皇帝回宫。结果梁武帝仅在寺院住了四天，便在大臣们的苦苦哀求下回到了皇宫。

　　梁武帝回宫后，心里闷闷不乐，不禁起了思乡之情，流露出想吃家乡土菜的念头。但宫里的厨师没有准备，只得派人到梁武帝的故里——丹阳来想办法。

　　梁武帝的老家有几个乡间厨师闻听此事后，凑到一块商量，忙活了几天后，终于做了一道好菜。刚要进献上去，忽又听说皇上要来家乡省亲，这可是大事情，乡民们就准备了更多的佳肴贡品等着迎驾。回到故乡那天，梁武帝见故里乡亲送过来的各式美味佳肴中，有一个瓷瓦罐很特别，揭开盖子，随着冒出的热气，一股含有稻草清香的酒焖红烧肉的味道扑鼻而来。乡间厨师将瓷瓦罐里的红烧肉小心翼翼倒出来，一块块整齐地码在托盘上，呈递在梁武帝面前。梁武帝看到每一块五花肉都切成两寸见方的大小，用一根粗壮的稻草十字交叉地捆扎着，香喷喷、油光光，夹精夹肥，层次分明，脂腴丰润，顿时食欲大开，这正是自己平时想吃而吃不着的家乡菜啊！侍从解开稻草，呈给梁武帝品尝一番，这肉果真是酥烂可口，稻香、酒香裹着肉香，细细咀嚼，越嚼越有味道，梁武帝不由得连连称赞，当场命名为"酒焖稻香肉"。

　　后来，梁武帝信佛日坚，还写了《断酒肉文》，酒焖稻香肉也曾一度失传。改革开放后，丹阳的厨师们在挖掘和继承传统名菜的基础上，对酒焖稻香肉又做了新的改良，并取名为"齐梁稻香肉"。

　　现在的厨师基本沿袭了酒焖稻香肉的传统烹制方法，但食材选料更讲究，用的是黑土猪肉、老冰糖、丹阳黄酒、山东大葱等。经过精心烹制，使得菜品更加醇香浓郁，食后也更加唇齿留香。

延陵鸭饺

延陵鸭饺是丹阳传统特色名菜，每年秋冬季上市，工艺考究，做工精致，味极鲜美，滋补健体，是招待贵宾的上乘佳肴。

1. 延陵鸭饺的起源

清光绪年间，有一年秋后，延陵新河养鸭户赵义农在延陵北街潘义兴饭店"过早"（延陵人将吃早餐称"过早"，城里人称吃"早茶"），与饭店老板潘鹏谈及家常，赵说："今年鸭子又肥又壮，就是无人光顾呀！"潘说："你若相信我，不妨先送二十只来，怎样？"潘老板于是决定以清蒸鸭肉块来探探食客胃口。

潘老板将宰杀后的鸭子洗净后入蒸笼，蒸至半熟后取出，将鸭腿及身体部位切成块状放进碗内，再入蒸笼蒸至肉烂汁浓。待顾客上门，店小二端上一碗清蒸鸭汤。顾客心急，喝了一口，却烫了嘴唇。关于吃鸭汤，延陵镇有个顺口溜："鸭饺上桌无热气，先品鸭肉后喝汤。"鸭饺刚从蒸笼出来是滚烫的，为什么没有热气呢？原来一碗鸭饺上桌，汤上有一层浮油，挡住了上冒的热气。这就是鸭饺的特色。

品尝鸭饺，先以竹筷捞捞，夹块鸭肉尝鲜，慢慢品味，待汤散散热，再吃鸭汤。鸭肉香嫩，鲜美可口；鸭汤油而不腻，清香宜人。有人以为，"鸭汤"一词俗气，鸭块有棱有角，形似饺子，遂以"鸭饺"称之。从此，鸭饺名盛一世，延续至今。

2. 延陵鸭饺为何又称延陵鸭娇

相传，乾隆皇帝下江南时，在丹阳境内连续吃了几餐不耐饿的大麦粥，这天去九里拜谒季子墓，到了延陵时已经饥肠辘辘，地方官吏一时也不知道送什么给他吃。正在此时，随风飘来一股股香味，乾隆皇帝闻到香味，食欲更旺，便吩咐左右顺着香味一起去看看烧的什么东西。随行官吏急急忙忙跑进路边村庄的一户人家，只见一位叫阿娇的姑娘正在用蒸笼蒸鸭汤，因为父亲生病，她蒸鸭汤给父亲补养身体。阿娇姑娘很善良，听说皇上来了，便盛了一碗鸭汤送给皇上。乾隆皇帝一闻，香味扑鼻，一看油面蜡黄，一尝味美可口，顿时龙颜大悦，问道："这是什么汤？"地方官吏结结巴巴地说："阿娇、阿娇、阿娇姑娘做的鸭汤。"乾隆皇帝也没听清楚，就把鸭饺和阿娇打了包，连说："鸭娇好，鸭娇好。"这就是延陵鸭饺又称延陵鸭娇的由来。

3. 陈毅司令员吃延陵鸭饺的故事

1938 年，陈毅、粟裕率新四军一支队在茅山地区打游击。有一次，延陵的乡绅和民众听说陈毅要来，就打算杀猪宰羊盛情款待陈毅，但又怕动静搞大了，陈毅要责怪他们铺张浪费。怎么办呢？商量来商量去，最后想出一个主意：做一道最有名的地方特色菜——延陵鸭饺，这样既不显得大操大办，又能充分表达延陵人民的心意。

果然，不知就里的陈毅连肉带汤一口气吃下了两碗。他一边啧啧称奇，一边又左顾右盼，还是忍不住问道："饺子咋还没上啊？"大家就只得把原委说了出来。陈毅一听恍然大悟，称赞说："延陵鸭饺，果真精巧！"一边夸鸭饺味道好，一边夸延陵人民智慧，想出这么个办法来招待客人。

2008 年，延陵鸭饺入选丹阳市非物质文化遗产名录。

一刀不斩狮子头

一刀不斩狮子头是丹阳传统名菜。

"狮子头"在丹阳俗称"斩肉"。那么,为什么还有"一刀不斩"的狮子头呢?说来还有个典故。

清朝末年,丹阳城里有一卞姓人氏开了一家饭馆,他家做的红烧狮子头非常有名,每天都卖出很多。卞师傅手艺好,平时也收一些徒弟跟他学手艺。

有一天,店里走进一个从外省过来的落第秀才。这小伙子外出求功名不成,家乡又闹兵乱,瘟疫流行,一家人只剩下他一个,待不下去了,不得已流落至此,请求跟卞师傅学一门厨师手艺谋生。

卞师傅虽然很同情他的遭遇,但心想小伙子是个读书人,未必能吃得起这个苦。虽然勉强收下了他,却不让他上案台,只叫他给几个师兄打打杂,考察考察再说。

但小伙子很要强,平时十分留意师傅和师兄们做的每一道活计,记在心里。不久,他只要干完了手头的杂活,趁别人歇息的工夫,就会找一小块五花肉边角料,到旁边偷偷地练习做斩肉。可是剁肉声音很响,他怕师傅听见了责怪他,怎么办呢?他冥思苦想,突然灵机一动,就一刀一刀地切起肉来。先切成薄薄的肉片,后切成细细的肉丝,再慢慢地切成极碎的肉丁,倒真的一点声音都没有。他天天苦练,那肉丁就切得越来越细巧均匀。然后,他就把切好的碎肉配上佐料做成肉圆,放进小砂锅里煨,渐渐他的手艺也越练越精。过了一些日子,他就大着胆子把自己亲手做的几个狮子头端到了师傅面前,请他品尝。卞师傅很惊讶,揭开盖子,一股浓浓的香味扑鼻而来,只见砂锅锅底垫一层青菜,青菜上面蹲了六个白煨狮子头。卞师傅尝了之后,立刻大声叫好。又是端详,又是咂磨,这狮子头的确与众不同,因为是"一刀不斩",全靠手工切出来的,肉末颗粒细润均匀,纹理饱满清晰,口感十分酥香爽嫩,别有一番劲道在其中。卞师傅问明了原委后,十分高兴,脱口说:"好,就叫一刀不斩狮子头!"

孟姜女千层饼

如果要从丹阳人的记忆中找寻年代最久远的老味道，恐怕非孟姜女千层饼莫属了。

相传，孟姜女万里寻夫，路过今丹阳吕城时，又饥又渴，筋疲力尽，瘫倒在河边。她在河边解开包裹双足的麻布，说来也奇，满脚的血泡和麻布上的斑斑血迹，瞬间化作了两条赤炼蛇，所以吕城地区的赤链蛇相当多。附近的村妇十分同情她，便将她搀扶到家中，给她热汤热饭，问寒问暖，经过几日调养，孟姜女渐渐恢复了精神。

孟姜女将寻夫缘由一一告知村妇，村妇为之感动，并劝她说："路途遥远，风险莫测，不如在此安身算了。"但孟姜女寻夫的决心十分坚忍，执意要走。无奈，村妇劝她暂缓两日，要为她准备一些干粮。孟姜女非常感激，就答应了。然而，村妇想来想去，一时又想不出用什么做干粮最妥当。馒头、面饼时间一长就发硬，没有水还啃不动，而且没味道。究竟做什么干粮可以又有味道又能保存时间长呢？善良的村妇犯了难。

孟姜女得知好心的村妇在为给她做干粮犯愁，心里好一阵感动，对村妇说："姐姐，不用愁，就做千层饼吧。"千层饼？村妇一听更加犯难，这饼要做多厚啊？又怎么烤得熟？孟姜女笑着说："千层饼哪里是真的有千层啊，不过比一般饼子多了几层，不难的。"原来，孟姜女自己就会做呢。于是，孟姜女就亲自做了起来。先和好面，擀成面饼，再将葱、油、盐调好，平铺在面饼上，然后将面饼卷起，用刀横着切成一小段一小段，再将每小段面饼压扁，擀成薄饼，最后置于铁锅上，用文火两面烘烤。烤熟后，千层饼黄灿灿、香喷喷、一层层，吃到嘴里咸香适宜、皮脆心软，既耐饥又开胃。

村妇跟孟姜女学会了做千层饼，送了一大包给孟姜女路上作干粮，余下的分给众人品尝。众人纷纷讨教千层饼的制作方法，村妇也丝毫不保留，将制作千层饼的方法倾囊相授。就这样代代相传，吕城人的千层饼已做了两千多年。

张埝盐水鹅

　　丹阳东南乡①河道纵横，水塘星罗棋布，乡民家家养殖鸭鹅。这儿有一古镇叫张埝镇，一条小河穿镇而过，一座拱形古石桥连接两岸，千百年来，商贾往来南北，人民安居乐业。清末民初，皇塘殷村一袁姓男子在张埝镇开了一爿熟食店，该店就地取材，试制鹅鸭熟食，特别是在盐水鹅的制作上，他逐步摸索，形成了独特风格的配方，做出的干切盐水鹅新鲜清爽、咸淡适宜、口感特好，且价格公道，极受欢迎。如今，这套富于特色的祖传配方工艺已传至第六代，逐步形成规模产业，在省内及全国很多地方都开设了分店。

　　要想做出正宗的张埝盐水鹅味道，需要精湛的技艺和丰富的经验。盐水鹅的卤制以 6~7 斤的家养草鹅为原料，精心宰杀，忌出血不干净，特别要掌握好烫鹅的水温和时间，不得烫伤鹅皮，煺毛要干净，要求鹅身洁白，光滑明亮。再将光鹅的翅尖、脚爪斩去，清理出内脏和血管，放入清水中浸泡 2~3 小时，以去除血水，洗净沥干。光鹅下锅后，按祖传配方，加放 20 余种配料，用高温烧开，并配以黄酒、姜、葱、香料，再用小火焖烧到不硬不烂出锅。

　　2013 年，张埝盐水鹅制作技艺入选丹阳市非物质文化遗产名录。

---

　　①　东南乡并不是乡的名称，在丹阳方言中指东南方向。后文"东北乡"亦是如此。

蟹黄汤包

蟹黄汤包是淮扬菜系中的一道名点，进入丹阳人的食谱，最少也有 200 多年的历史了。

蟹黄汤包的制作工艺很复杂，要把母蟹的蟹黄蟹肉拆下来，熬制成蟹膏，再和以肉皮加工成的"皮冻"、鲜肉等一起做成馅；皮子也很讲究，张张皮子大小一样，厚薄均匀，一般是一张皮子在手上三翻四拍才成；汤包做成后，只只都有 24 褶花纹，收口都像鲫鱼嘴一样，放在笼里像座钟，夹在筷上像灯笼；汤包必须现吃现做，口味极其鲜美，哪怕只吃过一回，甚至于几十年都忘不掉。

前些年，有一位祖籍丹阳胡桥的台湾老兵回大陆老家探亲。1949 年，他参加国民党部队，说要开拔去防守江阴要塞。临行前，母亲送他到丹阳老城位于贤桥旁的金鸡饭店吃了一顿高档的早餐——蟹黄汤包。后来他随部队去了台湾，一别将近 50 年。那年他回家后到丹阳城里来的第一件事，就是找寻当年的金鸡饭店，重新吃一顿蟹黄汤包。结果，他一找就找到了，这家百年老店几十年来在老地方窝着没动过身，人换了一茬又一茬，但蟹黄汤包依然存在，名气也是越来越大了。

丹阳蟹黄汤包真正在沪宁线上声名鹊起，乃至受到全国及海外美食者的交口称赞，还是改革开放后的事。话说改革开放后，国营饭店的垄断地位受到冲击，经营普遍困难。当时，金鸡饭店的掌门人刚从驻外领事馆厨师任上回来不久，眼看形势不妙，思虑再三，决定扬长避短，在老字号的蟹黄汤包上下功夫、做品牌。为此，他从汤包的核心技术——熬制蟹膏入手，日日夜夜蹲守在厨房里，潜心琢磨，反复试验。有一次因为观察"膏"情，离锅太近，还烫伤了脸。功夫不负有心人，经过一年多的努力，他终于掌握了一套独特的工艺技术，使蟹黄汤包名声大振，不但挽救了百年老店，还在沪、宁、镇、扬颇有"一枝独秀"的势头。

现在，从上海到南京的美食者，欲品尝最好的蟹黄汤包，非来丹阳不可。有的外地食客想吃丹阳蟹黄汤包，路远怎么办？也有办法——速冻邮寄。最远的北到哈尔滨，南到马来西亚，都可以邮寄。就连世界美食之都扬州的美食家都专程来丹阳吃蟹黄汤包，他们评价丹阳蟹黄汤包把淮扬名点制作工艺推向了新的高度。有一次，扬州市搞一个大型活动，从丹阳金鸡饭店调了八百只蟹黄汤包过去，作为招待贵宾的淮扬早点，可见丹阳蟹黄汤包在淮扬名点系列中具有独一无二的地位。

高装细什烩

　　高装细什烩是丹阳传统四大名菜之一，诞生于清末，民国初年崭露头角，随后迅速蹿红，久盛不衰。此菜向来是吃食行当里考验厨师基本功的一道功夫菜，它食材多样，选料考究，做工精细，营养丰富，既养眼，也养胃。

　　这道菜最大的特点是内容极其丰富，口感杂糅而和顺，既可满足大快朵颐的冲动，也经得起细嚼慢咽的品味。传统的高装细什烩由精选的海参、蹄筋、鱼片、肉丸、猪皮、腰花、鸡块、虾仁、蟹黄、鲜菱、笋尖、白果、板栗、香菇等十几样荤素材料搭配组合，也可随季节的变化略有取舍。厨师要根据这些食材各自不同的材质特性，按先后顺序下高汤烩制而成，达到荤素搭配、色泽明亮、互相衬托、互相借味、咸里带甜、杂而不乱、味美爽口、鲜香浓郁、回味无穷的效果。

　　"高装"一词包含两层意思：一是指食材的讲究；二是指器皿的高档，一般选用一种高底宽边的器皿，盛菜给人以视觉上的饱满和高贵之感。"细"表示此菜选料精致、做工精细，是一道用心之作，较好地诠释了丹阳传统饮食文化里积淀的"食不厌精，脍不厌细"的品位和追求。

吕城冷切羊肉

　　丹阳吕城的老百姓自古以来十分喜爱食用吕蒙烤饼和冷切羊肉。贵客进门，也爱用这两种美食招待客人。吕城人常常夸耀这两种食品的来历，因为它们既蕴含着吕城历史的悠久信息，又展示了吕城人的智慧。

　　相传，吕城是三国时期东吴大将军吕蒙的封地、食邑。"吕城吕城，其名曰城"，其实吕城当时并没有城，没有城怎么又叫吕城呢？这是许多人疑惑不解的问题。那么吕城到底筑过城没有呢？民间传说流传下了这样一个故事：相传，吕蒙常年带兵征战于今湖北、安徽一带，吕城常常受到流寇侵犯。建安五年（200），吕蒙回吕城休整，当时已是严冬季节，忽闻宜、溧山民要来侵扰吕城。当时，军队都部署在前线，吕蒙身边只带了几个亲兵随从，情况很危急。于是，吕蒙立即发动吕城百姓筑城，派出人力大量收购稻草、麦草，将其浸泡于泥浆中，之后堆砌成墙，最后再在草城墙外抹上泥糠灰。由于天气寒冷，滴水成冰，草城墙变成了铁城墙。吕城建好没几天，流寇到了吕城，看到铁瓮一般的城池，大惊失色，围着城墙一通乱转，无计可施，最后只得撤离。这就是吕蒙一夜筑成吕城的传奇故事。

　　因为冰冻的草城墙怕高温，吕蒙担心家家户户天天做饭烧菜会让城内的气温升高，进而融化城墙，所以在筑城的同时，吕蒙又号召百姓，家家户户制作烤饼。同时，他还要求百姓宰杀山羊，烧熟冷藏。结果，吕城百姓在接下来的二十多天里，完全依靠吕蒙烤饼和冷切羊肉做干粮守护城墙。由于是稻草夹土城墙，所以到了宋代，这城墙已自然坍塌，随着年代推移，也就无影无踪了。当地百姓为纪念吕蒙修稻草城保境安民，将吕蒙烤饼和冷切羊肉一直传承至今。

泥鳅窜豆腐

泥鳅窜豆腐原名泥鳅烩豆腐，是丹阳南门外麦溪镇的一道传统特色菜。此菜构思巧妙，工艺独特，味道鲜美，相传是当年乾隆皇帝下江南路过麦溪时，在品尝了当地特色菜肴后给予评价最高的一道菜。

当时，乾隆在延陵吃了鸭饺后赞不绝口，胃口给吊了起来。到了麦溪，就问了："麦溪紧靠延陵，是否也有美味佳肴啊？"麦溪人想，延陵是四大集镇之一，论档次、论精细我们都比不过他们，但是麦溪农家自做的豆腐相当出名，麦溪田间河沟里盛产泥鳅，家家户户都会烧一道泥鳅烩豆腐的家常菜用来改善伙食或是招待亲友，干脆就把这款地地道道的麦溪农家菜烧给皇上品尝吧。于是，他们请来当地手艺最高的厨师，精心制作了一道泥鳅烩豆腐进献给乾隆享用。

乾隆品尝后忍不住啧啧称赞，说："看着简单，吃起来却十分鲜美，竟不比一般的山珍海味差。"乾隆问是怎么做出来的，厨师就一五一十讲了一遍。原来，这泥鳅烩豆腐有三大讲究：一是泥鳅的个头不能过大，要在2寸以内，捉回来后须在清水中养2~3天，每天换水一次，让泥鳅排净体内脏物；二是下锅的豆腐要用整块的，不能切开；三是泥鳅下锅前不能斩杀，一定要活蹦乱跳。这样，锅内的油烧热以后，将豆腐和泥鳅同时倒入，泥鳅受烫，用极快的速度拼命往冷豆腐里窜，把豆腐钻出许多孔来，各式佐料的味道就容易烧进去。泥鳅钻在豆腐深处，自身的鲜味也全烧进了豆腐里边，味道自然鲜美异常了。小泥鳅骨头嫩，吃的时候连豆腐一块嚼，那是又鲜香又爽口。

乾隆听完后连连点头，略一思索后便说："照此说来，此菜就改叫泥鳅窜豆腐吧，好味道都是泥鳅窜出来的。"众人听了，都夸皇上"圣明"。

现在有的地方将"泥鳅窜豆腐"的"窜"写作"汆"，是不对的。作为一道烹饪工序，"汆"一般时间比较短，比如汆丸子。而泥鳅窜豆腐这道菜的精髓在于，泥鳅窜进豆腐里边后，要花时间慢慢炖，方能做出极佳的风味来。这种风味，肯定是"汆"不出来的。

金刚脐

丹阳"金刚脐"因外形像嘉山寺泥塑金刚之肚脐而得名，也有人以"脐"不雅观而改为"蹄"，称其"金刚蹄"的。金刚脐在民间有人叫"老虎脚爪"，有人叫"京江脐"，是丹阳人十分喜爱的传统点心。

丹阳金刚脐不仅富有地方特色，历史也十分悠久，最远可以追溯到南朝齐梁时期。从南兰陵（丹阳东北一带）走出的梁武帝萧衍皈依佛门后，颁发了和尚不可以吃肉的戒条，又下"断杀绝宗庙牺牲诏"，禁止宗庙用肉食祭祀。所以不仅寺庙里的祭祀用品改用米、面制作，而且僧侣和信众的饮食只能为素食，且大多为面食。此时，金刚脐的雏形已初步具备。

古代，在嘉山南麓的萧家巷村后，建了规模宏大的嘉山寺和龙王庙，里面有金刚殿，远近闻名，信众云集，斋饭饮食大多为金刚脐。

丹阳民间还有个"金刚脐吃到莫斯科"的真实故事。

那是在 1953 年，丹阳城里一位姓蒋的小伙子到莫斯科大学留学，成为轰动丹阳的一大新闻。那会儿新中国成立不久，百废待兴，国家和百姓都十分贫困，能读完高中就已是百里挑一了，小蒋能到莫斯科留学，而且由国家承担费用，这可是天大的好事。

不过，蒋家也有发愁的一面，主要愁的是盘缠。临行前，一家人讨论路上的吃饭问题怎么解决。因为路途太遥远，那时的火车又相当慢，从丹阳到北京都要几天几夜，从北京到黑龙江的漠河，至少要一个星期，再从漠河出国穿越西伯利亚到莫斯科，没有 20 多天是到不了的。这么长时间，一日三餐得花多少钱啊。那时候的人，为了省钱，出门的时候从家里带上吃的上路十分正常。那么带什么呢？大家商量来商量去，一致认为，还是金刚脐最适合。于是，父母给他准备了一大提包金刚脐，足足有几十斤，让他拎着踏上了去莫斯科的火车。小蒋也真能吃苦，一路上就着开水泡金刚脐充饥，一直吃到了莫斯科。

在每年的秋冬季节，吃羊肉、喝羊汤是丹阳人的美食时尚。在喝羊汤时如佐以金刚脐，会油而不腻，风味独具，那金刚脐与羊肉的香味交织在一起，会冲击你的味蕾。

丹阳生煎

　　丹阳生煎特指生煎包子和牛肉锅贴，它们是丹阳生煎的"并蒂莲"，其中生煎包子尤为出名。放眼半个中国，丹阳的"生煎"食品具有开创性、源头性地位。

　　早在20世纪二三十年代，生煎包子、牛肉锅贴已经风靡丹阳城乡。那时候，丹阳闹市口的饭店，特别是挨着茶馆、浴室的大小饭店，店门前都摆上一个大炭炉，炭炉上置一平底熟铁锅，专司制作生煎包子。煎烤师傅在平底锅上抹上一层油，整齐地铺上小包子，盖上锅盖。经火烤片刻，生煎包子的香气开始飘溢，然后再洒几次水。每次揭开锅盖洒水，那升腾的水汽伴着包子香味，飘满街市。当煎烤师傅撒上葱花和芝麻后，生煎包子就可以出锅了。这时，煎烤师傅用小铁皮铲敲锅沿，发出非常有节奏的敲锅声。一听敲锅声，顾客便知道一锅生煎包子好了，随后纷纷拿着盆、碗、碟子来领取。

　　很早以前，丹阳人把去苏州、上海、浙江做生意称作"走下路"，也就是顺着长江、运河走的意思。在"走下路"的丹阳生意人手里最有名的"三把刀"中，就有一把是面刀，面刀也是对面食糕点师傅的别称。他们将丹阳的面点技艺，将生煎包子、牛肉锅贴带到了上海滩。据今位于上海云南南路上的大壶春饭店老师傅介绍，上海最早的"生煎"字号应该是创立于20世纪20年代的萝春阁，创始人来自丹阳。大壶春生煎出现得稍晚一些，始创于1932年，创始人叫唐妙权，而他的叔叔正是萝春阁的创立者。萝春阁于20世纪20年代开在浙江路上，唐妙权看到叔叔的生煎生意那么红火，也加入进来。从萝春阁和大壶春两个生煎老字号老板的出处可判断，上海生煎最早是从丹阳传入的。后来出现在广州的生煎铺也同样是由一位姓陈的丹阳面食师傅带过去的。因此曾有人不无夸张地说："天下生煎出丹阳。"

　　生煎包子由半发酵的面团制成，皮薄、底脆、汁浓、肉紧是生煎包子的四大特点。刚出锅的生煎包子，肉香、油香、葱香和芝麻香浑然一体，再蘸一蘸旁边的香醋，味道就顶级了。

　　此外，丹阳牛肉锅贴远近闻名的一个重要原因，是历史上的丹阳一直是全国的"六大牛市"之一，煎烤师傅可以从牛市上精心挑选品质纯正、肉质细腻的黄牛肉做馅，慢火煎烤而熟，从馅到皮，里里外外，馅嫩、味鲜，吃起来特别带劲，口感特别香醇。

硝肉面

丹阳硝肉，香诱八仙，天下无双；丹阳人做的面条也与别处不同。丹阳人和面时，会按一定的比例放上些食用碱。这样做的好处，一是吃起来香；二是口感滑爽，有劲道，不易糊；三是加点碱能够对塞满了鸡鸭鱼肉的胃起到"刮油"的作用，有益人体健康。

几乎在丹阳硝肉问世的同时，丹阳人便在早餐食谱里为它物色了最佳搭档，并且下了很大功夫量身定做了大名鼎鼎的硝肉面。

在丹阳人的概念里，硝肉面特指硝肉拌捞面。这捞面又分大骨头红汤捞面和干拌捞面。硝肉面是丹阳人早餐食谱里的宠儿，早晨进餐馆的食客，一半以上是吃面的，这吃面的食客中，又有七成以上吃的是硝肉面。最老到的食客多喜欢吃硝肉干拌面，不放一点儿汤，用的是熬制的上等猪油，配以葱花、特制酱油、味精等作调料。面从锅里捞起时一定要沥干水分，扣进碗里拌起来才特别滑爽、油亮，再放上几片硝肉，那面香、油香、葱香加上硝肉的酥香，真是香到了骨子里，食者无不胃口大开。早上一碗硝肉面下肚，一天精气神都足，工作起来浑身都是劲。

丹阳人早晨吃面的程序也很讲究，一碟醋泡的生姜丝是必备的；吃完面后，打半碗稀汤的大麦粥爽爽口，荤素搭配，又营养又健康。条件好的，先尝几个现蒸的蟹黄汤包，接着吃半碗硝肉面，完了再喝点大麦粥，那就齐了。曾有一个长期旅居广东的著名书画家在丹阳吃了这样一顿"三大件"早餐后，说了一番话："都说吃在广东，我看，以今天吃的早饭来论，这句话需要细分，至少早餐要改口，要说吃在丹阳才对。"

此外，流行于陵口镇早餐习俗中的"早酒硝肉面"也特别值得一提。

陵口硝肉面风味独特，陵口人爱喝早酒的习俗也由来已久。早起的人天蒙蒙亮就坐在面馆里喝早酒了，菜却不太讲究，一碟硝肉、一盘花生米就吃得津津有味。许多外地来的朋友和客商经常被邀请到陵口喝早酒，品尝陵口硝肉面，感受独特的饮食文化，从而对陵口有了深刻的印象，许多生意就是在一顿顿其乐融融的"早酒硝肉面"中谈成的。陵口素有"皮鞋之乡""箱包之乡"的美誉，其中无疑也散发着一缕"早酒"的清香。

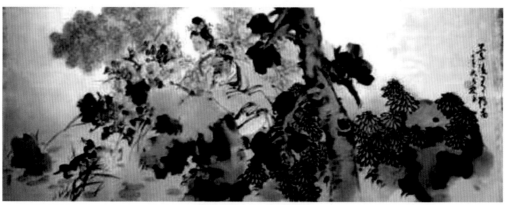

齐宣帝萧承之《观鸭图》

兰陵盐水鸭

"兰陵盐水鸭"出自丹阳东乡前艾集镇，极具地域文化特色。

前艾是丹阳东乡的一个古老集镇，文明发端极其久远。集镇东北 1.7 公里处的戎家山遗址的发掘证明，早在新石器时期，这片土地就有人类活动。

前艾一带也是著名的帝王之乡，南朝时东城村出了齐高帝萧道成，塘头村出了梁武帝萧衍，真可谓"千年龙飞地，两代帝王乡"。

在 1500 多年前，前艾这片土地属于南兰陵县，而今的前艾集镇，就位于当年南兰陵县的中心地带。由于这个历史原因，如今丹阳东乡地名、店铺等冠名"兰陵"的比比皆是。在前艾集镇最繁华的地段，就有一家著名的餐饮店，叫"兰陵卤菜坊"，该坊所产的"兰陵盐水鸭"远近驰名，畅销不衰。

谈起吃鸭习俗，丹阳地区古皆有之。相传早在六朝时期，曲阿一带就有了鸭馔的制作。《南齐书》记载，出生于东城村的齐高帝的父亲萧承之（后追封为宣帝）喜欢吃鸭肉，他的母亲陈道止（追封为孝宣皇后）喜欢吃鸭蛋。原文为："永明九年正月，诏太庙四时祭，荐宣帝面起饼、鸭臛；孝皇后笋、鸭卵、脯酱、炙白肉；高皇帝荐肉脍、菹羹；昭皇后茗、粣、炙鱼。皆所嗜也。"鸭臛，即鸭肉羹。

元代学者陶宗仪在《说郛》卷二十八"古人嗜好"中也提到这件事，称："齐宣帝嗜面起饼、鸭臛。"

"兰陵卤菜坊"坊主蒯建英出生于餐饮世家，从曾祖父蒯全泰那辈起，就以善做卤菜出名了，技艺传承百年不断。20 多年前，蒯建英传承祖传技艺，悉心研究，又博采其他盐水鸭的工艺优点，再融入现代食品卫生管理机制，将"兰陵盐水鸭"这一古老的菜品发扬光大，使之成为一道远近闻名的菜肴。再经特色包装，成为本地一道特产，深受消费者喜爱。2006 年他注册了"兰陵"商标，使卤菜坊的经营如虎添翼。

兰陵盐水鸭以本地农户饲养的草鸭为主材，将活鸭宰杀，洗净沥干，用盐腌制，入老卤锅浸泡，上钩挂晾，冷冻处理一段时间，再取出用清水泡软，待煮。

烧煮是由生变熟的环节。首先用大铁锅加清水烧开，再放入鸭子，猛火烧，汤沸开时撇去浮沫，再加入适量的八角、葱、姜、蒜、胡椒、丹阳黄酒等调味，继续用文火烧一段时间，等鸭肉熟透了，捞出沥水，表面涂上鸭油就可装盘上桌，或凉后包装。

成品兰陵盐水鸭表皮白里透黄，油润光亮，肉质白嫩，骨呈绿色，肥而不腻，咸鲜味美，入口有浓浓的鸭肉香，让人品尝后久久难忘。兰陵盐水鸭以中秋前后，桂花盛开季节制作的色味最佳，故又名为"兰陵桂花鸭"。

慈姑烧肉

丹阳地处江南水乡，自古就出产慈姑（又写作"茨菇"）。在丹阳传统美食中，慈姑烧肉是大众化程度和"含金量"都很高的一道菜，深受人们喜爱。

慈姑烧肉看似普通，历史却非常悠久。三国时，东吴著名外交家殷礼是云阳（今丹阳）人，才干出众，见识过人，受到吴国重用。相传他随中郎将张温赴蜀答礼时，受到诸葛亮的盛情款待。殷礼将丹阳特产茨菇带到蜀中，令手下做了一道"茨菇烧肉"给诸葛亮品尝，诸葛亮吃了一口，感觉味道不错，忙问是什么菜，殷礼告诉他是茨菇烧肉，并说："云阳是江南水乡，多水洼地，盛产茨菇，茨菇烧肉是当地的美味。"当诸葛亮与殷礼接触几次后，发现他弘雅英秀，谈吐不凡，禁不住赞叹："东吴菰蒲中，乃有奇伟如此人。"这里的"菰"就是指茨菇和茭白，"蒲"指芦苇。

慈姑是一种水生草本植物，亦可人工种植，其球茎可供食用，且营养丰富、价值高，可煮食、炒食和制作淀粉。现代营养学认为，慈姑富含维生素和矿物质钾、钙及食物纤维，所含蛋白质也较多。

慈姑烧肉就是红烧肉加慈姑混烧，成菜荤素兼具，香气诱人，尤其是慈姑饱吸浓油后色泽光亮，入口绵糯，咸甜适中，让人难忘。

要想把这道菜做好，要把握好几个要点。一是肉要选上乘的五花肉，务必除毛干净，还要放入水中焯至变色，捞出再切块待用。二是慈姑要选个头饱满的，且要刮去外皮、洗净切成块备用。三是要掌握好调料的用量，葱、姜、豆油、糖、盐、鸡精、黄酒、老抽酱油、八角、桂皮等都要适量，这需要厨师具有丰富的经验才能把控好。

秧草河蚌

在丹阳，尤其是东乡一带，一直流行着一味地道的特色菜，叫作"秧草河蚌"。

所谓秧草，学名为苜蓿，又称三叶菜，丹阳人称之为三瓣头，本为野菜，现已成为人工种植的"园蔬"，容易获取了。

秧草的嫩叶，是理想的蔬菜，极富营养，维生素 K 的含量极高，维生素 A 的含量和胡萝卜相差无几，维生素 C 的含量是白萝卜的二三倍。经常食用秧草可平衡人体的酸碱值，有利于健康。

河蚌是江南常见的"河鲜"之一，丹阳人称之为歪周、歪走、歪子。河蚌通常生活在淡水湖泊、池塘、河流水底。蚌肉可食用的主要部分为斧足，极其鲜美，营养价值很高，有滋阴平肝、明目防眼疾等作用，对人体有良好的保健功效。河蚌可烧、烹、炖、煮，做成美食供人们享用。

从《民国丹阳县续志》的记载来看，"秧草河蚌"在丹阳出现起码有百年以上，也有可能达数百年了，这也是丹阳人引以为豪、津津乐道的一个菜。

烧这道菜时，为了增加风味，一般还要加一点咸肉片，让味道更加多样化，层次更丰富。咸肉就是腌制过的猪肉，也称为"腊肉"。假若菜里尽是河蚌肉，吃多了会生厌，产生"咀嚼疲劳感"，加入一点儿咸肉片，食客可以在蚌肉与咸肉之间轮流选择来吃，就不再单调了。

这道菜的主料是蚌肉、秧草及咸肉，调料有丹阳黄酒、豆油、猪油、盐、葱、姜、胡椒粉。烹制方法大致如下：先将秧草洗净，咸肉洗净切成小片备用。将河蚌肉取出，摘除两边灰黄色的鳃和背后的泥肠，清洗干净，用刀面或刀柄拍散斧足的边缘，因为边缘的肉质紧密，不易烧烂。再将蚌肉切成条，放入开水锅中氽一下水，捞出待用。准备工作做好后，就开火热锅，加入豆油烧热，加葱、姜煸一下，再放入蚌肉煸炒一阵子，锅中加水，加黄酒烧开。这时可以将蚌肉放入高压锅压制半小时后捞出。如果没有高压锅，就得用小火慢炖一个多小时了。河蚌炖好后，另起一锅加一勺猪油烧热，放入姜片煸香，倒入咸肉片、河蚌混合煸一下，再加入河蚌原汁白汤，烧开，加盐调味。在出锅前加入秧草烧开，撒点胡椒粉，开锅即可。需要注意的是，如若做成纯白汁汤菜，除了要多加水外，还要注意不能加黄酒，滴几滴白酒即可。

芙蓉蛋

芙蓉在民间是纯洁与高贵的象征。

芙蓉蛋又名炒蛋清，是丹阳传统名菜，明清直至民国时期常出现在高档酒宴中。丹阳金鸡饭店的大厨们深谙其道，可以轻松做出这道菜，深受百姓喜爱。

改革开放后，随着人们生活水平的提高，肉类菜品极大丰富，蛋类菜品地位下降，此菜一度被冷落不闻，难得被人点选。但否极泰来，芙蓉炒蛋在近些年又"重出江湖"，久食鱼肉的美食家们突然品尝到此菜，感觉特别好，赞不绝口。

为何不推陈出新，将这一菜品发扬光大呢？有思想有创新意识的丹阳大厨们怀旧心切，遂整理工艺，规范流程，将芙蓉蛋又推上了高档酒宴，成了名副其实的一道名菜。

这道菜的主材并不难得，诸如鸡蛋、小虾仁或太湖小银鱼、西兰花或黄瓜条等，市场上一年四季都可买到。调料也不复杂，如色拉油、精盐、生粉、牛奶等，都是常见的东西。真正要做得好、做得妙，关键还在炒制工艺上。

首先将鸡蛋打散，分离出蛋清，将精盐、生粉、牛奶等调料倒入，搅和均匀；然后将蛋清液倒入热油锅，用锅铲贴锅底慢慢地同方向翻炒，至一片片白色蛋清片出现；这时还要加上一道起锅沥油操作，沥油毕，再回锅小火炒，加少量虾仁或小银鱼，翻炒均匀；然后起锅，用洁白的瓷盆装菜；最后，为了美观，再用黄瓜条或西兰花做出围边，完成造型。

此菜的烹饪翻炒过程需要极丰富的经验和熟练的手感，锅底油温和翻炒动作都要控制精当，炒出的芙蓉蛋才能外观美白如玉，诱人食欲，入口脆嫩，鲜香爽口，别具一格。

冰糖扒蹄

　　用猪肘子精心烹制的冰糖扒蹄是丹阳传统四大名菜之一，此菜历史悠久，工艺成熟，制作精细，向来是检验厨师手艺合格与否的一道"必考题"。烹制好的冰糖扒蹄，色泽红亮，汤汁稠润，香糯诱人，酥烂入味，口感甜蜜，肥而不腻，冬春季节经常食用，还有美容养颜、气血双补的功效，在民间举办的各类宴席中，与红烧斩肉一样，是必上的一道大菜。

　　丹阳人爱吃冰糖扒蹄，除了喜爱它的传统风味外，还有一层更深的情愫。

　　1932 年"一二八"淞沪抗战爆发时，十九路军军长蔡廷锴恰巧在外地公干，闻讯后立刻掉头往上海赶，途中路过丹阳，受到当地士绅和官员的热情接待。他们在县城最大的餐馆——鸿运楼设宴，为蔡将军接风洗尘，摆上了丹阳老陈酒和丹阳传统四大名菜——一刀不斩狮子头、塘鳢炒索粉、高装细什烩和冰糖扒蹄。

　　但蔡军长只是草草吃了几口就放下筷子，第二天一早就动身出发了。临走时，他突然发现，丹阳城里的士绅和官员早已排在路口为他送行，并派人挑了两大筐连夜烧好的冰糖扒蹄装上随蔡军长出行的军车，一起运往抗战前线。因此，在丹阳人心目中，冰糖扒蹄还有另一个名字：抗战蹄膀。

宫廷八宝饭

江南盛产糯米，民间也流行做八宝饭。但与其他地方不同的是，丹阳人做的八宝饭有御膳"血统"，这又是什么缘故呢？这还得从清乾隆年间考中进士，被钦点翰林的丹阳人吉梦熊说起。

相传，1785年农历正月，吉梦熊奉旨参加了千叟宴。在宴席上吃过的一道甜食让他一直无法忘怀，那道甜食就是宫廷厨师精心烹制的"八宝饭"。当时处于"康乾盛世"，四海承平，八方来朝，举国欢腾。御膳房官员揣摩圣意，嘱咐厨师想方设法制作一道表达"盛世富饶、百谷丰登"的甜食以示庆贺。厨师们于是打起精神，开动脑筋，四处选材，精心构思，终于做出了一道精美的宫廷八宝饭。

八宝饭以糯米为饭，配以甜豆沙、白果、红枣、莲子、杏仁、橘皮、核桃仁，置于碗中，做成馒头式样，上笼屉以大火猛蒸，使各味糅合融会于糯米的醇香绵柔中，出笼后色泽鲜艳，晶莹剔透，醇香扑鼻，取"八宝"之名，味美而兆吉，营养价值很高。

吉梦熊天生喜爱甜食，多年以后，千叟宴上吃的那几百道美味佳肴几乎快忘得差不多了，唯独这宫廷八宝饭却记得一清二楚。因此在他告病回籍之后，便将它原封不动地"偷"回了老家，传授给父老乡亲，这道菜的制作技艺就这样传承下来了。

蒸饭

烧饼、麻团、蒸饭（又称油条蒸饭，或蒸饭包油条）是丹阳老百姓最普遍的传统早点。对于牙口好的年轻人和体力劳动者来说，口感丰富、嚼来又特别带劲的蒸饭更是他们的早点首选。

历史上，丹阳糯米在明清两代一直是贡品；另据《新唐书》记载，制作工艺比较成熟的蔗糖源于唐朝初期；民间普遍认为油条最晚出自南宋。有人则考证，丹阳人在明清时期已经吃上了蒸饭。

做油条蒸饭，一只有盖子的木桶是必备的。冬天，木桶还得用棉絮裹着。木桶内装着蒸熟的糯米饭，木桶旁的小案板上摆着一堆油条，以及一块做蒸饭专用的湿布。点心师傅就在这个小案板上操作，他先用勺子从木桶里剜出一块蒸饭，称了分量后便倾在布上，摊匀了，接着拿上一根油条（食量大的便放上两根），对折了居中放在蒸饭上面，再在油条上抹一点白糖，用布裹起来，像拧毛巾似的用劲一拧，撤了布便得到两头细中间粗的"成品"，最后再蘸一点白糖，套进一个小塑料袋，递到顾客手里。上班族可以边走边吃，在路上解决早餐问题。

油条蒸饭吃了特别熬饥，这与蒸饭是用糯米蒸制出来的有关系。蒸和煮，米粒吸收水分的原理不一样。糯米原本出饭率就低，蒸出来更结实，黏糍之外带着硬挺，而且粒粒分明，晶莹剔透，仿佛裹着粒粒珍珠，耐人咀嚼之余，还有赏心悦目之感。

现在，许多小区周边、街巷里弄及菜市场等人来人往处，都可见到蒸饭铺子。不过，近些年来，随着经济的发展、社会交流的增多和外来人口的增加，为满足不同口味人群的需求，蒸饭制作也推陈出新，出现了甜、咸两种风味，一种是传统蘸白糖的老口味，一种是裹些雪菜或是辣酱一类的馅，也很受欢迎。有个陕西客人来到丹阳，天天早上吃蒸饭，一天不落连吃了半个月，大呼过瘾。

咸泡饭

在丹阳，无论是长大成人的英俊少年，还是年过花甲的白发老人，都吃过父母做的咸泡饭。咸泡饭那特有的味道，吃一次一辈子都无法忘怀！

说起丹阳烧"咸泡饭"的历史，要从东门大街的"鸿运楼饭店"说起。

鸿运楼饭店创办时间早，烧的咸泡饭也最有名。他们生意好、客人多，每天总有些好菜会剩下。老板的经营理念是货真价实、热情服务，剩菜不上第二天的宴桌。像白切肚片等剩菜，只要是隔夜货，不论贵贱，与冷饭锅巴一股脑儿倒入大锅，旺火一锅烩。路过的商人和市民，在老远一吸鼻子就可闻到这咸泡饭的香味。那锅巴米粒极香，汤又鲜得入骨，加上厚厚一层的油水，人们食后解饿又杀馋。

本是老饭店的副产品，没想到却做出了名气，乡下都有人特地赶来吃。新中国成立之初，丹阳篮球队奖励队员时就是每人一碗咸泡饭。1958年重开大运河时，丹阳东乡的民工为吃到一碗咸泡饭，下午一息工就往城内跑。

曾几何时，在那物资匮乏的年代，农村家庭是烧不起咸泡饭的。只有在城里或饭店里，才有这个条件。饭店里的厨师在砧板上顺手抓上几样菜（菜品称"配头"），放在炒锅里一打滚，再挖上一块大米饭加到锅里一和，一碗香气扑鼻的咸泡饭就成了。配头越多，咸泡饭的味道越好。

如今，咸泡饭早已成为几代丹阳人的"肠胃记忆"，有的饭店在上主食时，也有用咸泡饭代替的，让人感觉十分亲切温馨。人们爱吃咸泡饭，做法也是多种多样，最常见的有：

火腿咸泡饭

首先，将油麦菜和鲜菇洗净，沥干水分，切成丝。金华火腿切细条。鲜虾洗净挑去虾线。然后，锅中水开后倒入火腿丝，撇去白沫。放入鲜虾、油麦菜、菇丝。最后，放进剩米饭，添加适量盐、味精、芝麻油，盖上锅盖焖会儿即可食用。

排骨咸泡饭

首先，将排骨在冷水中焯水，去除腥味和血沫后，捞出备用。青菜和蒜洗净备用。接着，再起一锅加入清水，水开后放入排骨烧滚，放入青菜和蒜，添加适量盐、鸡精调味，再加入剩饭即可享用。

糍粑

以糯米为原料制作的糍粑本是湖北人的传统食品。听老人们说,湖北糍粑之所以在丹阳落地生根,跟清朝咸丰年间太平军和清军在丹阳打仗有直接关系。当年,太平军从广西打到湖北后,征召了大批的青壮劳力参军,然后一路打到南京。定都天京(南京)后,太平军与清军就经常在丹阳打仗,战事多发生在丹阳东南乡的皇塘、蒋墅、导墅、里庄、折柳一带。1864 年,太平军被镇压,军中很多无家可归的湖北人就留在了丹阳。当时,丹阳东南乡民众逃避战乱,背井离乡,土地大片荒芜,一大批湖北人就在那些地方定居下来,开荒种地,砌房造屋,繁衍生息。

但是,由于战乱的缘故,起初这些"退伍"的湖北人并不受当地人的欢迎,他们很长时间互不来往,有的村上甚至为抢占土地和水源还发生械斗。当时,蒋墅村有一个姓姜的湖北人,曾在太平军中当过卒长,管过一百多号人,说话有人听。有一年,临近年关时分,他主动站了出来,对同乡的村民说:"以前我们跟随太平军打仗,伤害了当地人,这个结我们要主动去解开才是。你们说说看,有什么好的办法来和解关系?"

众人就七嘴八舌地议论起来,其中有个人说:"糍粑是我们老家的特产,当地人不会做,我们就做糍粑送给他们过年吧?"大家一听都纷纷表示赞同。最后,老卒长叮嘱在场的年轻人说："你们多用点力气，把糍粑砸黏实些，要把我们的诚意做到位。"

做糍粑本不是件轻巧活，要将糯米浸泡后搁蒸笼里蒸熟，再迅速放在石臼里反复舂至绵软柔韧后起出做饼。舂糍粑一般需两个年轻小伙子，一人一把木棰，轮流在石臼里舂，因糯米饭越舂越黏，越黏就越粘木棰，砸下容易，举起就得下力气。那些抡木棰舂糍粑泥的小伙子果然很实诚，比以往多花了五成力气拼命抡锤砸糍粑泥，数九寒天脱了衣服光膀子干。结果他们做出来的糍粑格外黏实劲道，十分好吃。接着，他们捧着糍粑挨家挨户上门，给当地人送上一份过年的礼物以表达心意。自此以后，他们与当地人的关系渐渐融洽起来。再后来，许多当地的女子嫁给了湖北籍的男人，当地人也学会了做糍粑的手艺。当年湖北人挨家挨户送糍粑的做法随着岁月的流转，后来就诞生了制作糍粑的职业队伍。每到腊月二十以后，这些职业队伍就忙乎起来，家家请他们去做糍粑，生意兴隆，得排队等候，他们也得忙到大年三十才能歇工。这个传统延续至今，从未间断。可以说，经过战火、生死、劳作、友爱、交融，一块小小的糍粑，凝聚着历史变迁的印记。

如今丹阳人吃的糍粑主要用油炸，炸成蜡黄、开裂、冒白泡，蘸上白糖，脆香甜软。人们爱吃糍粑，品味的不光是幸福的生活，还有悠久的历史。

四牌楼酱肉

　　酱肉，分为酱牛肉和酱猪肉两种。民国以来，酱肉在丹阳颇为风行，是民众最喜爱的日常干切下酒菜。1949 年以后，市面上的酱牛肉逐渐淡出人们的视野，被五香牛肉取代，而酱猪肉依然活跃，在市场稳稳占有一席之地。

　　20 世纪 60 至 90 年代，丹阳食品公司在东门开设卤菜部，专做熟菜，其中有杨姓、郭姓两位师傅，所做的硝肉、酱肉等干切冷菜，很受食客喜爱。80 年代后期，私营餐饮迅猛发展，尤以四牌楼邓记老熟菜店最为出名，几十年来畅销不衰。

　　20 世纪 80 年代，四牌楼邓记熟菜店重新恢复了祖传老店。邓家几十年来一直珍藏着祖上流传下来的酱肉制作工艺和配方，当改革开放的春风吹来时，尘封已久的祖传手艺焕发了新的生机。据介绍，制作四牌楼酱肉的核心工艺在于老卤水的调制，由十几种中药材和名贵香料组成的家传秘方，辅以严格的工艺流程、讲究的食材，从而确保了四牌楼酱肉的独特风味和细腻口感。可以这样说，喜爱干切猪肉熟食的食客，要么丹阳硝肉，要么四牌楼酱肉，经常换着口味吃，成为几代丹阳人改变不了的饮食习惯。

丹阳油煠鬼

油条是丹阳人爱吃的早点，丹阳方言习惯称之为"油煠鬼"。油煠鬼在丹阳方言里又念作"油杀鬼"。喜欢上茶馆的男人，往茶馆一坐，泡上一壶茶，来两根油煠鬼，或者一块烧饼包"油煠鬼"，或者两只金刚脐，一边喝茶，一边吃早点，一边天南海北地聊。另有清闲之人，寻个卖豆腐花的摊点坐下来，买一碗豆腐花，两根油煠鬼，细嚼慢咽，解决早点问题。

将油条称为"油杀鬼"的缘故说起来大多数中国人都知道，但是，这个故事与丹阳的特殊渊源也许知道的人就不多了。

传说"油杀鬼"的故事最先发生在杭州。1142年，岳飞被卖国贼秦桧和秦桧的妻子王氏施计，暗中陷害于风波亭。京城临安（今杭州）百姓知道了这件事后，个个都义愤填膺，对秦桧、王氏深恶痛绝。当时风波亭附近有一家专卖油炸食品的饮食店，店老板正在油锅旁炸东西，得知岳飞被秦桧夫妇害死的消息后，他按捺不住心中的怒火，从盆中抓起一块面团，捏成一男一女两个小人，并将它们背靠背粘在一起，丢进油锅，口里还连连喊道："吃油炸桧啦！"他这么一喊，周围的百姓个个都明白了他的意思，便一齐拥上来，一边动手帮着做，一边帮着喊，还一边吃。其他的饮食店见状，也争相效仿。当时，整个临安城都做起"油炸桧"，并很快传遍全国。

岳飞的好友贡祖文为保忠良之后，掩护着岳飞的幼子岳霖，弃官归隐，藏身到丹阳，当时朝廷数次派人来丹阳暗访，企图寻觅贡祖文和岳霖的藏身之地。丹阳人对当朝陷害忠良十分不满，对秦桧更是痛恨入骨，大街小巷都有叫卖油杀鬼的。那些朝廷派来暗访的人见"人心"难测，无奈只得作罢。从此以后，将油条称为油杀鬼（桧）的习俗一直延续至今。

丹阳御米粟

　　玉米为传统"五谷"之一，种植历史久远。丹阳人习惯称玉米为"珍珠粟"，但它还有一个特别的名称叫"御米粟"，这是丹阳人对玉米的独称。《新唐书·地理志》载，润州丹阳郡"土贡：火麻布、竹根、黄粟……"；《光绪丹阳县志》载："珍珠粟，一名御米粟。润州贡黄粟即指此。"可见，"御米粟"一词的由来与其"贡品"的身份直接相关，对照史籍就可得知，最早在唐代，丹阳种植的玉米就大量进贡朝廷了。丹阳吕城进士黄之晋曾有诗曰："小麦青青大麦黄，豆花短短稻花长。夏畦辛苦官知否，每馈珍珠粒粒香。"

　　丹阳各地都有种植御米粟的习惯。嫩时采摘，煮熟后食之。老的御米粟，可爆"米花"，丹阳俗语"爆孛娄"。《丹阳县志风土》载："雨水时节，家家爆孛娄。"小孩过"百日"，也常爆玉米花和糯米花馈送邻里亲友，以示庆贺。

　　在丹阳，过去除了遇上荒年以外，玉米一直都排在稻麦之后，被人们当作"副食"，用来调剂口味。玉米味甘，性平，主调中开胃；玉米根叶，治小便淋沥，尿道结石。现在，各酒店都将嫩玉米开发成"粗粮"端上酒桌，使玉米"身价"大增。随着休闲观光农业的发展，丹阳御米粟也越来越体现出农家土产清新淳朴的特色。

姜妈妈酒酿包子

在丹阳皇塘镇，有一户人家，从太婆肖小英，到外婆荆月娣，到母亲严梅俊，到"90后"的女儿姜楠，四代人接力，把一款取名为"姜妈妈酒酿包子"做得名闻遐迩，在行业内独树一帜。用食客们的话说，吃姜妈妈酒酿包子，特别亲切，能唤起久远的儿时记忆，能吃出外婆和奶奶的味道！

姜妈妈酒酿包子之所以特受欢迎，首先是面皮的发酵特别讲究。"荆氏家味"第四代传人姜楠说，她们家祖祖辈辈用的都是古代的酒酿发酵法，因此蒸出来的包子有一股特别诱人的香味。不过，酒酿发酵古法到了严梅俊、姜楠母女手里又有了新的改良，因为在一年四季不同温度、湿度条件下，酒酿、面粉和水的配比，以及发面时间的要求各有不同，很难控制，稍有差池，发酵就会失败，影响口感。她们经过一年多的反复实验，终于解决了这个难题，做到了在任何复杂的温度、湿度条件下都能够实现最佳的发面效果，蒸出来的包子香味诱人，松软而有嚼劲，即使多次热蒸或冷冻后复蒸，也不糊不黏，口感如初。

另外，酒酿包子的馅料也是一绝。在选材上，那些来自田间地头自然生长的绿色有机蔬菜最受青睐。她们用最朴素的方法采摘收割，晾晒加工，保留了食材最本真的味道。对肉材的进货更讲究，比如猪肉，只选取本地现杀土猪的前夹心那一块最嫩的部分用来做馅。调料则全部采用一线品牌，保证口感和食品安全。在如此严格的把控下，使得多达十几个品种的酒酿包子，每一款都能让品尝过的食客为之叫好，连最挑剔的人也会被它的"美味综合指数"所征服。

做酒酿包子用的是最原始的竹蒸笼，蒸笼里垫的是龙须草蒸垫，纯手工工艺，所蒸出的独特香味更是唤回了无数食客记忆中"家的味道"。

从多彩的民俗文化中寻味丹阳

从丰富多彩的民俗文化中采撷沁人心脾的丹阳味道

我们所品味的

除了美食

还有浓浓的乡情和那一份割不断的乡愁

貳

脂油团子

吃团子（北方人叫吃圆子）是丹阳人最喜爱的饮食习俗之一。吃团子的习俗蕴含了江南稻作文化六七千年的历史积淀，吃团子也体现了江南饮食文化浓郁的地方特色。

做团子首选是粳米粉、糯米粉及杂粮面。丹阳各地，一年四季各个时令都有各种名堂的团子，比如清明吃青团子，十月半吃糯米芝麻团子，过年迎客尤其是新女婿上门吃脂油团子等。

从团子的外观上看，一般是球型的，是祝福自家和他人"团团圆圆"和"圆满"的好口彩。当然，也有不用馅的，叫作实心团子，或压成扁形团子。

从团子的颜色上看，主要分为青团子、白团子，青团子和白团子还含有告诫自己及家人要"清清白白做人"的意思。

从团子的馅看，有肉馅、豆沙馅和蔬菜馅等几大类，再细分则有青菜、荠菜、雪菜、腌菜、芝麻、赤豆沙、鲜肉及菜夹肉等品种。

从烧法上看，又分煮熟和上蒸笼蒸熟两种。

尤其值得一提的是流行于丹阳东部地区的脂油团子，比如荆林、访仙、吕城、陵口等乡镇，在逢年过节、宴请新亲时，都必须做几笼脂油团子待客。主家在待客的前一夜就要准备好生猪油，切成小块，用白糖浸泡备用。当天用冷水调糯米粉，反复揉搓，达到不硬不软、成型不走样的状态，包上白糖脂油块，捏出五片花瓣，不封口，塞上一颗花生米，寓意五子登科，然后放入小蒸笼内蒸熟。

脂油团子一出笼，热气腾腾，糯韧绵软，晶光闪亮。趁热吃，甜而不腻，肥而不腴，清香扑鼻，溢满厢屋。咬一口，油直滴，哑哑嘴，慢慢嚼，闭上眼睛细细地品味，呵，真是好口福。人们开玩笑讲的"打嘴巴子都不松口"，就是指吃脂油团子时的馋相。

另外，脂油团子时常还承担一项特殊的"使命"：未来的丈母娘通过观察准女婿吃脂油团子的"吃相"来揣摩他的性格特点和办事能力。因为脂油团子又烫又粘口，心急、忙乱的人往往吃相很难看，吃得脂油直冒，还容易烫着，这种人会给人不踏实、不可靠的印象，会影响丈母娘对女婿的打分。

而今，丹阳有一些饭馆也将脂油团子作为一道特色点心供应食客，品尝起来十分亲切香甜，特别容易让人怀旧。

涨蛋

涨蛋是广泛流行于丹阳北部地区的一道传统名菜，也是农村逢年过节招待亲友常见的"鱼、肉、丸、蛋"四大菜肴之一。因烹制时的焖煮是一道关键工序，因此民间也称之为"焖蛋"。

此外，因涨蛋这道菜名的"涨"字有吉利喜庆的意味，民间但凡有生日、嫁娶、发财、砌房、上梁等喜庆之事，宴席上都少不了这道菜。

涨蛋的制作并不复杂，鸡蛋磕开后一般都放入青豆末、肉末、虾仁、银鱼、笋糜等辅料，再加葱、糖、料酒、精盐等调料搅拌均匀，倒入七八成热的油锅里小火翻煎至两面金黄后再焖煮一会儿，至涨透发足、鸡蛋蓬松即可出锅。制作过程中，把握焖煮的火候与时间很关键，必须全程用中小火，最多不超过六分钟，此时鸡蛋涨势最好，口感也最佳。

如今许多厨师做这道菜用上了不粘锅，完全避免了蛋液表面有可能不小心被煎焦的问题，外观更诱人。因其风味独特，美味可口，深受大众喜爱，高中低档宴席上都有它的身影。

泥头汤

泥头汤是丹阳界牌、新桥等沿江地区的时兴汤菜，多因时变化，就地取材，品种多样，荤素搭配，味道鲜美，营养丰富。

泥头汤最早源于当地农家主妇因粮食不够吃而临时救急的汤食。当时，每年八九月份鲜菱长成时，家庭主妇们顺手从门前河塘里捞一把上来，剥了壳下锅，再放些豆渣饼、丝瓜、韭菜、螺蛳等食材，倒上水煮熟了当饭来吃。

后来，生活条件改善了，家庭主妇们早已不再用泥头汤当主食。但有个当地的名厨颇具慧眼，对它进行开发并引进了酒店餐桌，提升为一道特色汤羹。汤料都是用骨头、土鸡、鱼、淡菜等材料熬制，加入豆腐、百叶、丝瓜、鸭血、螺蛳、河蚌、毛豆、虾子等烩制而成；当然，豆渣饼是必不可少的。泥头汤的食材根据不同的时令节气会有所调整变化，如春夏季节添加毛笋、茭白，秋冬季节就放小螃蟹、咸肉等，可以调出更多的鲜味来。泥头汤又名金钱银丝汤，依照汤里漂浮的金黄色豆渣圆饼和银白色百叶丝的形状而得名。泥头汤因其食材丰富，又名八仙汤，转引"八仙"与丹阳硝肉结下不解之缘的传说而来。

当然，泥头汤并非专指八样食材，多的时候"十仙"也不止。外地贵宾来丹阳，泥头汤几乎是必点的一道地方名菜。

鳝丝汤

丹阳人自古以来就有吃"讲茶"的习俗。以前丹阳城里人吃讲茶,最高规格的做法,就是主动和解的一方约请中间人(调解人)和闹纠纷的另一方早晨到金鸡饭店坐下,泡上一壶茶,叫上几份鳝丝汤和花卷,大家吃下,中间人再调解一番,然后双方握手言和,各自欢喜。所以,鳝丝汤不但味美,还喻示着吃下鳝丝汤开启崭新一天、向往美好生活的愿景。

江南水田沟渠多,盛产黄鳝。每年农历五月份至中秋节这段时间,正是黄鳝肉质最鲜美的时候,也因黄鳝肉具有健身强体、大补元气的功效,故民间有"六月里的黄鳝赛人参"的说法。

黄鳝的吃法多样,最普遍的是剁成寸把长的鳝段,或红烧,或白煨。更精致一点的吃法是将黄鳝肉用竹片搓削成丝,做成一味鳝丝汤。

鳝丝汤是丹阳传统早餐中的一道上品,形成成熟的烹制工艺已有数百年历史。每年夏至这一天,丹阳城乡家家户户都有吃黄鳝的习俗。但在从前,只有考究一点的殷实人家才在这天的早晨,由老人带着全家,或父母领着孩子,去餐馆里吃一顿美味的鳝丝汤。那情形,类似于现在有条件的人品尝河豚和刀鱼。

鳝丝汤名气大主要有两个原因:一是鳝丝汤属于时令食品,营养价值高;二是鳝丝汤原汁原味的制作工艺,风味独特。

鳝丝汤做法上很讲究:

首先是烫黄鳝的环节,既不能烫老,也不能烫生。烫生了鳝丝肉切不下来,烫老了鳝丝肉会断,切不成形状。

接着是把切剩下的黄鳝头和全身的骨头配以料酒、葱、姜、盐等佐料,置于大锅里熬汤,一直熬到骨头酥烂、汤呈浓浓的奶白色,高汤才算熬好了,然后添加适量淀粉和鸡蛋加以搅拌,到汤汁稍显黏稠,使蛋花悬浮汤中,像条条银鱼翻动。

最后是采用正宗淮扬菜烹饪手法,在炒锅内加入各种佐料,大火煸炒鳝丝至肉质鲜嫩入味。这样,汤是汤,鳝丝是鳝丝,两边搁着,待顾客来时,往碗里搁些鳝丝,冲上热腾腾的黄鳝骨头汤,再撒些胡椒粉在上面,一碗原汁原味、香浓可口、钙质丰富、营养全面的鳝丝汤就完工了。食客一般会买上两个花卷,就着鳝丝汤慢慢享用。

界牌豆腐

　　传统口味的豆腐都是用大锅烧，用石膏点卤的手工方法做出来的，这种制作方法做工细，产量较低，俗称"乡下豆腐"。"乡下豆腐"嚼在嘴里，又香又嫩又有劲道。

　　让"乡下豆腐"由"丑小鸭"变成"白天鹅"，由原来养在深闺人不识到声名远扬天下晓的"功臣"，是界牌大厨。

　　其来龙去脉是这样的：很多年前，界牌厨师在开发界牌土菜的过程中，大胆改进烹饪工艺，成功地将"乡下豆腐"引进了中高档餐馆酒店，并且引发了餐饮业烹制家常菜的时尚潮流，很受消费者欢迎。一来二去，"乡下豆腐"就变成了界牌豆腐，也成为地方特色菜中的一个名牌菜品。

　　界牌豆腐营养丰富，绿色健康。界牌厨师烧界牌豆腐很是讲究，首先要严格选料；其次要用调制的高汤来烧，火候也要充分，一直烧到豆腐里边起了密密麻麻的小孔，味道就全进去了。此外，还可以放一把虾子在里头，鲜头会调得更足，颜色也更好看。有些尊贵的客人过来，他们不一定要吃得太豪华昂贵，但界牌豆腐是必点的一道菜。遇上一些大型活动，界牌数一数二的厨师被邀请去镇江、南京甚至去北京烧界牌豆腐，那是常有的事。作为极其普通的家常菜，界牌豆腐之所以闻名遐迩，除了食材讲究之外，烹制过程中的"用心"也是关键因素。

　　如今，丹阳农村的老百姓会做"乡下豆腐"的人很多，但因为做起来很费工夫，平时一般很少做，只有到过年过节才做一点，大部分都送给城里的亲友分享口福。在界牌镇上，现在也只有一家作坊在做界牌豆腐，每天定量供应一部分酒店、宾馆和家庭，绝不多做，虽然价钱比普通豆腐贵一倍以上，但是依然很抢手，半晌午不到就卖完了。

四喜汤圆

古话说，人生有四大喜事，即久旱逢甘霖、他乡遇故知、洞房花烛夜、金榜题名时。

四喜汤圆是丹阳百姓在各种美好意愿得到满足时，用来庆贺和祈望幸福的一道传统小吃。

四喜汤圆选用丹阳当地产的糯米和粳米磨成的米粉混合，加沸水揉成团，包馅制作而成，糯黏可口，有的地方也称之为"汤团"。圆圆的汤圆象征着阖家团圆，香甜的馅象征着日子甜蜜。每年正月初一的早餐，丹阳家家户户都要吃汤圆。

农历正月十五的元宵节，又称"灯节"，是春节活动的又一个高潮。正月十三晚上灯（也称高灯），到正月十八晚落灯。正月十三这天，在饮食上，早餐或晚餐有的人家吃汤圆；正月十八这天，有的人家吃汤圆下面条，叫作"上灯圆子、落灯面"。

丹阳民间习俗，新女婿结婚后上门，或亲朋好友相聚和暂时分离时，都用四喜汤圆招待，寓意圆圆满满、四季平安。

汤圆的吃法也多样化，除了煮以外，还可蒸、可炸。

有的人家还用"麻、辣、咸、甜"四种包馅制成汤圆招待女婿，寓意要新郎学会识别和战胜各种困难的能力。女婿吃四喜汤圆的场面，往往妙趣横生，笑声迭起。

汤圆的馅料要用到赤豆、芝麻、绵白糖、桂花、猪肉茸、冬笋丁、猪板油丁、熟猪油、松子仁、瓜子仁、芝麻油等。

在制作时，将各种原料搭配，形成包馅。可将猪板油丁拌上糖、松子仁、瓜子仁，制成猪油板丁馅；将糖、桂花、芝麻拌匀，制成芝麻馅；鲜肉茸中加盐、冬笋丁、味精拌匀，制成肉馅；赤豆煮熟，擦成细沙，拌入糖、熟猪油，制成豆沙馅。

将糯米粉和粳米粉混合，加沸水揉成米粉团，揉匀、搓条、摘团，分别包入豆沙馅、芝麻馅、猪板油丁馅、肉馅，下锅煮熟即可食用。

从丹阳走出的梅嘉生将军在回忆录里记载了回故乡吃汤圆的情景。20世纪50年代，梅嘉生受命赴越南参加军事顾问团的工作。梅嘉生是个孝子，想到战场上情况瞬息万变，于是决定回家乡去看望一下老母亲，道别之后再出发。乡邻听说梅嘉生当天就要走，于是就用当地隆重的礼节——吃汤圆，来招待即将奔赴战场的梅嘉生。汤圆的馅就是用家乡产的芝麻制作的，那香甜的滋味，永远刻在梅嘉生的心里，无法忘怀。

糯米饭

一说到糯米饭，丹阳人都知道指的就是表面裹了一层黑芝麻粉的糯米饭团。

香糯米是丹阳特产，主要用于酿制米酒、陈醋，一部分制作成各种吃食。黑芝麻糯米饭是丹阳人爱吃的食品，特别是在农历十月初一，广大农村家家户户都有吃糯米饭的传统。他们不但自己吃，还按照多年的习俗，往城里的亲戚朋友家里送糯米饭。每到这一天，有些卖早点的饭馆也供应糯米饭。

每年农历十月初一，稻谷进仓、杂粮入库，从春耕到秋收，农民们整整忙了大半年，在播种小麦之前，有一个短暂的休整期。此时恰逢霜降又到，谚曰"霜降到，无老少"，农民们在这一天都忙于碾新米、卖新谷，庆祝丰收。家家户户拿出刚碾的新糯米，做成糯米饭饼子，滚上香喷喷的芝麻粉，享受自己的劳动成果。另外，十月初一是冬季的第一天，人们也以这种方式祈盼冬季吉祥平安，祈祷来年风调雨顺。

做糯米饭很简单，同煮饭一样，将糯米淘洗干净，放入锅里加少量盐和适量的水煮熟；黑芝麻炒熟后，在石臼中舂成粉末待用；将冷却后的糯米饭做成饼子，放在黑芝麻粉上滚一滚，变成外黑内白的芝麻糯米饼。临食用前，锅内放少许油，将糯米饼放入油煎，煎好一面再煎另一面，待两面都结皮就可起锅。糯米饭皮脆里嫩，黑白分明，芝麻喷香，美味可口，喜欢吃甜的食客，蘸着糖来吃，又多了一层风味。

丹阳米糕

说起丹阳米糕，老丹阳人都会很自豪地说："丹阳米糕，天下一绝。"

丹阳米糕是丹阳人独创的地方特色食品，且寄予了相当丰富的含义。丹阳人砌房造屋，上梁时，主人家先给泥瓦匠、木匠吃馄饨，上梁时刻一到，由瓦匠、木匠在房顶上抛掷馒头、糕，他们边抛边发利市。这馒头、糕都是直系亲属送的，特别是女主人娘家兄弟姐妹，一般至少送一担（一箩馒头、一箩糕），还得加一把万年青和天竹，寓意高发高发（丹阳方言），以示娘家人的关心和祝福。

丹阳人祝寿，直系至亲也送馒头、糕和高脚粽子，凡是到场的亲朋好友，都发一份（两个馒头、两块糕和两个粽子），寓意同乐、同喜、同高寿。孩子1岁、10岁、20岁生日，外婆家也要送馒头、糕和粽子。

每到过年，丹阳乡村家家户户都蒸年糕，相互赠送；对城里的亲朋好友，也赠送至少一盒年糕，一盒16块，寓意年年高。此风俗久传不衰。

制作丹阳米糕，首先要有糕盒。糕盒是专门制作的，有木框、上底和下底，底板要雕有吉祥如意、一帆风顺、福禄寿喜等字，还配有桃花、荷花、菊花、梅花等花纹。一般每盒16块（每行4格），也有25块的（每行5格）。制作米糕要用粳米粉加少量糯米粉。放水这一工序十分重要。水放多了，粉会粘在一起，筛子筛不下粉，蒸好了太烂拿不起。水放少了，粉不粘，蒸好了也会瘫碎。所以糕点师傅的水平就在于拌粉料，掌握好湿度和筛粉的均匀度。粉筛好后，要拆筐翻底将花板模型朝上，再上蒸笼煮蒸，十几分钟后，满屋糕香诱人。最后揭开锅盖点上红，就大功告成了。

丹阳米糕可以存放数日，吃时回笼重蒸，也能切片油炸或煮着吃。过去生活困难时期，米糕还能切片晒干收藏起来，在青黄不接时拿出来同蔬菜一起煮，以度灾荒年月，现在却成了别有风味的一种吃法。

丹阳馄饨

丹阳人心灵手巧，包的馄饨面皮透薄，小巧玲珑，形状秀美，口味鲜香。

丹阳人吃馄饨的习俗也特别繁多。"馄饨"与"混沌"谐音，故民间有将吃馄饨引申为打破混沌、开辟天地的含义。千百年来，丹阳人由吃馄饨演绎出的乡风民俗丰富多彩，除了除夕、夏至、冬至等重要的时令节气普遍吃馄饨外，一年到头馄饨的"食文化"名目更是花样繁多，被赋予的精神寄托也特别丰富多彩。

出嫁女的陪嫁中要有一筛子馄饨。这馄饨必须由出嫁女亲自包（但也有地方的规矩是由贤惠能干的嫂嫂包），要个个饱满、小巧玲珑、整齐漂亮、接口无缝，以此象征出嫁女心灵手巧、精神饱满、实实在在、安安稳稳，同时也寄寓了父母和家人的嘱托和祝福。这筛馄饨还必须和另一筛鞋子作一担来挑（鞋子是由出嫁女为公、婆、爷爷、奶奶、小叔子、未出嫁的小姑子等至亲做的），这一挑还得由出嫁女的弟弟挑，代表纯净无瑕。

传说农历二月初八，丹阳西门外张寺村的张大帝赌博输掉了老婆，老婆临走前痛哭流涕，所以每年的二月初八丹阳地区总会下雨，这是张大帝老婆的眼泪。这一天，丹阳城内及周边地区的人们都吃馄饨，祈求人们不赌博，安安稳稳过日子。馄饨馅也特别讲究，张寺村的馄饨就用家常蔬菜和各种野菜一共十几种材料做馅。这一天，生面店生意最好，人们往往排队几个小时才能购到馄饨皮。

在丹阳，每年插秧前农民也有包馄饨的习俗，以图"吃了馄饨，插秧腰不疼"的吉利。

自古至今，丹阳城乡有不少在外地工作的、读书的、参军的人，他们回乡探亲结束后，临行前，其父母、妻子都得给他们包馄饨，祈求远行的亲人平平安安、顺顺当当。

丹阳地区的普通百姓，在赶上砌房上梁、乔居搬迁、开门营业之日，都以吃馄饨为庆贺，祈求日后平安吉祥、稳当如意。

丹阳地区还盛行学校开学前吃馄饨的习俗，从幼儿园到大学，新学期开学前，家长都给孩子包馄饨，全家人一起吃。所以，开学前两天，生面店生意也是异常红火。

总之，馄饨在丹阳的传统民俗文化里占有非常重要的位置。

丹阳腊八粥

腊月初八，是先民们的"腊祭"之日，他们在这一天化妆击鼓，逐疫疾，庆丰收。这一习俗沿袭流变下来，便成了在腊月初八全国人民都吃腊八粥。

丹阳是个很特别的地方，许多东西到了丹阳就变得特殊起来，腊八粥也是如此，因为历史赋予丹阳人吃腊八粥多了一层更丰富更特殊的含义：在丹阳人眼里，腊八这天除了是"腊祭"之日，还是一个特殊的纪念日——纪念岳飞和护住岳家血脉的贡祖文。

丹阳人烧腊八粥，多以大米、黄豆、蚕豆、赤豆、百果、花生米、胡萝卜、芋头、红薯、荠菜、豆腐、油面筋等食材为原料，颇有营养价值。清代营养学家曹燕山撰写的《粥谱》，介绍腊八粥有和胃、补脾、养心、清肺、益肾、利肝、消渴、明目、通便、安神的作用，是食疗佳品，这些都已被现代医学所证实。

"腊八粥"的烧法与丹阳人平时喜欢喝的咸粥大致相当，但在食材上会根据不同的季节，选用不同的五谷杂粮及瓜、菜，熬成香喷喷的咸粥，口味咸鲜，营养丰富，特别养人，中老年人尤其喜欢。

和菜

　　丹阳方言复杂，有四门、八腔、十六调。各乡镇生活习俗差异也很大，尽管各地的"年味"花样繁多，但是有一样东西少不了，那就是家家户户都要炒上一大盆过年期间吃的小菜，这个小菜就是"和菜"，又叫"十景菜""什锦菜"。

　　和菜通常是用十种蔬菜混炒而成，不过多于十种和少于十种都无所谓。它以冬天腌的咸菜为主体，配以胡萝卜、豆芽菜、芹菜、荠菜、菠菜、豌豆苗、藕、慈姑、花生米，以及百叶、茶干、油豆腐、生姜丝等。富裕一点的人家，还会加上金针菜、香菇、木耳、冬笋、山药等。

　　和菜虽然食材质朴，却是色彩缤纷，有胡萝卜的橙红，冬笋的嫩黄，豌豆苗的浅绿，豆腐百叶的乳白，木耳的乌黑……真是五颜六色，煞是养眼，引人食欲。还有它香味的丰富多彩：有水芹的脆香，冬笋的鲜香，荠菜的野香，胡萝卜的甜香，豆芽的嫩香。这些味道让人齿颊留香，一点不输鱼肉！

　　为了烘托春节的喜庆氛围，和菜中的每一种食材都被赋予了一个吉祥的寓意：藕因有孔，叫路路通；笋长有节，称节节高；芹菜谐音"勤快"；荠菜寓意聚财；豆芽形似如意；胡萝卜为开门红；五香茶干切丁，象征五谷丰登，人丁兴旺；豌豆苗又叫安豆头，寓意安安乐乐；豆制品中的百叶，学名"千张"，寓意千秋百代，代代兴旺。

　　此外，不同食材的组合也有不同的含义：饭桌上大人指着藕与笋，孩子们就会抢答"通顺"（藕的"通"与笋的谐音"顺"）；挟一筷金针菜与木耳，就是"真经墨宝"，希冀孩子学习进步。此外，黄豆芽与豌豆苗叫作"如意平安"；胡萝卜丝与百叶丝又叫"金丝银片"；胡萝卜丝、金针菜、豆芽菜连在一起，又称"金玉满堂"，寓意家庭富足，和和美美。

　　春节炒和菜是古代流传下来的风俗，这与"人日"的习俗有关。传统以正月初七为"人日"，人们在这一天要以七种菜为食，以作避邪，也与春节的"五辛盘"相通。

　　古时，"正元日，俗人拜寿，上五辛盘，松柏颂，椒茶酒，五熏炼形。五辛者，所以发五脏气也"。而无论是"七菜"，还是"五辛"，都是为了发散邪气，调动正气，进行季节性的防疫，保证肌体的健康。

　　和菜的炒制程序也十分繁杂。各种不同的食材，有的油炸，有的开水冲氽，有的爆炒，有的慢炖……全部炒制起锅后，再用大盆盛装，放入芝麻香油、盐、糖、醋等调料合拌，冷却后食用。

　　和菜做好后，因烧制的量大，各家除了自家食用外，还用来馈赠亲友，以和菜所包含的祝福寓意，祝福大家在新的一年里心想事成、吉祥如意。

白玉猪手

　　用猪蹄做菜古来有之，取材极易。猪蹄中含有丰富的胶原蛋白，胶原蛋白是一种由生物大分子组成的胶类物质，是构成肌腱、韧带及结缔组织中最主要的蛋白质成分，具有美容养颜的作用。

　　猪蹄分前后两种，前蹄又叫猪手，肉多骨少，呈直形；后蹄叫猪脚，肉少骨多，呈弯形。中医认为猪蹄性平，味甘咸，是一种类似于熊掌的食物。厨师更喜欢用猪手来做酒宴菜。

　　一般家庭中做此菜，是炖得烂熟，皮肉分离，骨髓漏出，入口即化，脱牙老人也能饱享口福。但是丹阳大厨手上做出的这道菜，既不是炖得稀烂，入口即化，也不是炖得半熟，让人咬不动，而是在这两者之间找到平衡点，富有特色，让人吃了还想吃。美其名曰"白玉猪手"，更让食客心理上可以接受。

　　这道菜以色泽、味道取胜，跻身于丹阳名菜谱中，深受大众喜欢。中诚美食府厨师张荣华对此菜钻研多年，在传统工艺上改良、创新，形成了独特的方法，让这道名菜再放光彩。

　　主材取猪手 2 只，一分为二，剖成 4 片（一盆装）。但辅料由水加上适量的食盐、姜、葱、香料（八角及白芷）、丹阳黄酒、啤酒调配而成，称之为"白卤水"。在做法上，先将猪手清水洗净，放入沸水锅余 3 分钟，捞出清理猪毛，刮去皮肤斑迹直至干净，再用温水清洗一下，放入卤水锅慢火煮 3 小时，火候一到就可捞出装盆。成品端上桌，洁白如玉，清香诱人，味道鲜美可口。

　　做这道菜还需注意几点：卤水材料禁忌色重者，如酱油、面酱、色醋、红糖等均不放；猪手的清理必须彻底，保证外观无毛且白洁；装菜宜用白洁瓷盆，以体现白玉猪手色泽的特点。

　　如果忽视以上几条要诀，所出成品就流于平庸，乏善可陈。另外，味道及香气主要由卤水配料量决定，各店都有自己的独门配方，是秘而不宣的商业秘密，学习者需自己摸索实践，才能掌握真谛。

访仙叫花子鸡

关于"叫花子鸡"的传说，有许多版本，较为有名的是常熟版和北京版，北京版还与乾隆挂了钩，乾隆吃了叫花子鸡，还写了一联："名震塞北三千里；味压江南十二楼。"

在丹阳，也流传着"访仙叫花子鸡"的传说。相传，从前访仙萧家巷有一位教书的萧先生，有一天在访仙桥喝完下午茶回家，天色渐暗，走近村口，只听得乱哄哄的，上前一看，原来是村上几个后生将一个偷鸡贼吊到树上，准备狠狠抽打一顿。偷鸡贼哀告求饶，但无效果。见此情景，萧先生便拨开人群，劝几个后生将其放下。萧先生在村上辈分高，又是知书识礼的教书人，大家听从他的话。

萧先生见偷鸡贼虽然是个蓬头垢面、衣着破烂的叫花子，但年纪很轻，且眉目端正，心里觉得孺子尚可教也。于是，萧先生将他领回家，给他吃一顿饱饭，并告诫他，年轻人今后的日子还很长，只要靠自己的双手劳动，就会有好日子过。叫花子听了很受感动，向萧先生磕了三个响头，保证不再偷鸡，也不再讨饭，要靠双手劳动吃饭。

叫花子来到访仙桥，决心"金盆洗手"，冥思苦索想找点事干。干什么呢？忽然，他想起了第一次偷鸡的情形。当时他饿得不行，偷来一只鸡后，却因为没有炊具，没法烧了吃。无奈，他只好把鸡宰杀后掏出内脏，抹些盐巴，糊上泥巴，投进松枝松叶堆积起来的火堆。待泥巴烤得发黄，往地上一摔，泥巴脱落，顿时白嫩嫩的鸡肉香味扑鼻……想着想着，叫花子觉得卖烤鸡肯定不错，既然要卖，一定要清爽，还要重视调料。就这样，他用讨饭讨来的一点钱买了几只鸡，杀鸡煺毛，掏空肚膛，抹上盐、黄酒并塞进葱和姜，包上荷叶糊上泥，再放到火上烤。

烤熟第一只时，叫花子首先想到了萧先生，一要报答萧先生，二要请教他指点做此生意好不好。他端着烤得热烫烫的一个大泥团，在茶馆里找到了萧先生，告诉他自己的想法，并请他品尝自己烤的第一只鸡。萧先生听了非常高兴，叫花子剥开黄泥巴，顿时茶馆内香味四溢，众多茶客纷纷上前围观，萧先生和叫花子邀大家一起品尝，众人吃后赞不绝口，当场就有人订货。这鸡取什么名呢？大家又议论开了，还是叫花子自己说："我是叫花子出身，就叫'叫花子鸡'吧。"

从此，叫花子鸡生意越做越红火，还到丹阳城里开了分店，名气传到了省内外。风味独特的访仙叫花子鸡并非人人能学做，需要到建山、胡桥的山里捡拾松枝松叶做燃料，所以烤熟的叫花子鸡才会透着一股原始森林里特有的清香，要地道的"农家乐"饭馆才做得出来。

吕城绿豆饼

丹阳最正宗的绿豆饼产自吕城，当地人也称"豆灼饼"，历史很悠久。吕城绿豆饼选用绿豆作原料，饼不大，直径仅 2 厘米左右，但是，它集炸、炒、炖、烩于一身，既可当主食，又可作菜肴。丹阳有一道名菜叫"素什烩"，这道菜少不了绿豆饼。每年正月初五，工商户开门营业，请员工喝利市汤，这利市汤内肯定也少不了绿豆饼。

在吕城，许多人家都自备一套制作绿豆饼的工具：一只小平底锅、一根削尖了的细竹管和一个小石磨。想吃时，随时可以做。以前有的人家做了绿豆饼还拿到镇上设摊销售，但更多的人家是做了自己吃，也有作为礼物馈赠亲朋好友的。现在，外地人想购买到新鲜的吕城绿豆饼，需要找到会做的人家去预订。

绿豆饼的特点是：外观金黄亮泽，手感润滑，有韧性，折不断，豆味纯正香浓。制作过程较复杂：首先，将洗净的绿豆放清水里浸泡透，春夏秋冬四季气温不同，浸泡的时间都不同；然后，将浸泡好的绿豆搓掉皮（目的是使豆糊不起泡沫），再用小石磨磨成细豆糊状；最后，将平底锅烧热，抹上少许豆油，将绿豆糊用竹管一点一点滴在上面，这就成了一个个圆形的小绿豆饼。烤制时，要集中注意力，动作迅速，饼底不能糊，否则吃起来就有焦糊味。

现在，有的酒店、饭馆也用自制的绿豆饼烹烧特色菜，通常用螺蛳肉、韭菜、丝瓜、发菜、绿豆饼等材料烧羹汤，味极鲜美，特受客人欢迎。有的饭店还用绿豆饼烧鱼，风味独特，令食客胃口大开，食客往往不吃鱼，而是争相吃绿豆饼。所以在餐桌上，绿豆饼还享有"百搭配料"的美誉。

建山松花饼

丹阳建山、胡桥一带多山，多产松树。当地有一个习惯，每年4至5月，家家户户都上山采摘松花。村民们将松树的雄球花摘下，放在竹匾上晒干，搓下花粉，当作宝贝似的收藏起来。

松花，也称松黄。松花粉为松科植物马尾松或其同属植物的花粉。干燥松花粉为淡黄色的细粉末，呈均匀的小圆粒，轻盈细腻，气味清香，无杂质，易飞扬，手感滑润，不沉于水，既可食用，又可药用。

松花粉可以卖给药店，也可以留着自己用。收集好松花粉后，建山的许多人家就开始自制松花饼。方法如下：取适量松花粉和入糯米粉中，加鸡蛋、白糖（还可加蜂蜜），用水调和成块，搓成圆形扁平状，然后下油锅煎至两面金黄色。松花饼表面口感香脆，内里甜、软、糯、香，令人爱不释"口"。不过，建山人做松花饼的首要目的并不是自己享口福，而是世代沿袭着一个传统习俗：外甥将松花饼作为珍贵礼品孝敬给娘舅，因为在乡下有"娘舅为大"的规矩。外甥以松花饼孝敬娘舅，可见采松花实属不易，也是物以稀为贵。其实这道点心老少皆爱吃，更是星级饭店的名点之一。

松花粉药用价值在于收湿、止血。肥胖婴儿腋下易红湿，有时还会溃烂，此时，给婴儿抹点松花粉，立即见效。松花粉还能治头眩晕、中虚胃疼。所以，对中老年人来说，食用松花饼，既能享受口福，也有食疗功用。

手擀面

丹阳面条远近闻名，品种繁多，著名的有硝肉面、白汤面、鳝丝面、雪菜肉丝面、大肠面、河豚鱼面等，令人应接不暇。但有一种面条看似普通，却永远存留在人们味蕾的记忆中，传承在百姓的日常饮食里，活跃在餐饮业的推陈出新中，它就是从汉代流传至今的家常手擀面。

从前，丹阳几乎家家户户都备有一根擀面杖。擀面杖是木制的棍棒，其长短也不一样，一般按各人家的桌子大小来订制，每家基本都有八仙桌，所以二尺左右的擀面杖也最普遍。手擀面黏劲足，特别耐咀嚼，细嚼慢咽，满口留香，即使将其烧成烂糊面，吃到嘴里也有嚼头。

制作手擀面，首先要将面粉、水调制成面团，醒 30 分钟左右以备用；然后取一块面团，用手反复揉均匀后平放于案板上，用擀面杖向四周用力擀开成片状；待面块擀制到一定程度时，用擀面杖卷起面块，用双手反复来回推卷，使面块逐渐变薄；来回推卷几次后，将变薄的面块展开，撒上适量的面粉，防止压粘在一起；然后换一个方向用擀面杖卷起面块继续进行推卷操作；然后再展开，撒面粉。以此类推，直至将面团擀成薄片为止。将擀好的面片来回折叠，再用刀切成细条状的面条。最普遍的吃法，是将手擀面煮成菜汤面，即将手擀面煮到八成熟时，锅内放入青菜，再配入调料，煮两三分钟起锅，香喷喷的手擀面一青二白，连面汤一起盛入碗内，一看一闻，让人不由得胃口大开。

如今，随着食品加工业的发展，机械加工面条的品种越来越丰富，但在酒店里，家常手擀面依然受欢迎，尤其是用熬制的高汤配以子虾、毛豆等食材烧煮的手擀烂糊面，佐料、火功都极讲究，味鲜美，耐咀嚼，是宴席主食中极亮丽的一道风景线。

豆腐花

豆腐花也称豆腐脑，是丹阳人非常喜爱的早餐食品，一块烧饼包油条（胃口好的则是蒸饭包油条），加上一碗香喷喷、热辣辣的豆腐花，吃得非常惬意。

制作豆腐花比较简单，一般的小吃店、早点摊都是自己制作。先将黄豆用水浸泡，然后用小石磨磨浆，经纱布过滤，去掉豆渣，用温火煮沸豆浆，再将豆浆装入缸内，点石膏或点盐卤，盖上盖子焖上片刻，白嫩嫩的豆腐花就制作成功了。在制作豆腐花的过程中，点石膏是重要环节。首先要选择块小、氧化程度低的石膏块，购买后还得烤制，需在温火中烧烤，将生石膏烧烤成熟石膏后兑成石膏水，再按比例将石膏水搅拌进豆浆内。

豆腐花制好后，还得一勺一勺地盛入开水中温一遍，去除豆腥味，然后才能卖给顾客。卖豆腐花的店、摊，大都十分重视配佐料，葱花、香菜、药芹、香干、榨菜都切成碎末，还备有虾皮、辣椒、麻油、酱油、味精和醋。虽然是小吃，但食客吃得满嘴留香，回味无穷，吃的人相当多。

从前，丹阳城内挑担卖豆腐花的属贤桥附近最多，因为贤桥人流量大。有的还同时卖馄饨，担子一头是炉子，炉子上架有锅，用一块掏成圆洞的面板罩着，面板上置放各种佐料。担子的另一头，是准备好的小馄饨、豆腐花及碗和汤匙。一会叫卖"小馄饨"、一会儿叫卖"豆腐脑"，想吃的孩子缠着大人买，老大爷老奶奶也常买一碗解馋。虽然是小吃，各家有各家的风味，特别是固定摊点，做出了特色，清洁卫生加上服务态度好，是生意兴隆的保证。

老人们都记得，那时东门斜桥头有一家被食客称为夏家娘娘的豆腐花摊，每天几张小桌子都坐得满满的，态度和蔼、老少无欺，佐料丰富随客取用。她家的豆腐花是装在木桶里，食客买时用铜勺舀到锅里烫一遍再盛碗。现在，虽然夏家娘娘已经不在，但是这只装豆腐花的木桶仍然在夏姓人家的后代手里流传着。

有的酒店也将豆腐花搬上了宴席，豆腐花的制作工艺不变，不同的是大木桶变成了小木桶，食客根据各自的口味偏好，从中舀上一碗或半碗热腾腾香喷喷的豆腐花，添放喜欢吃的佐料，趁热吃下，往往少顷便吃得一干二净，舒服熨帖，非常惬意。

馓子

馓子，古称环饼，是一种油炸食品，最早源于回民。据史书记载，馓子在南北朝的时候就有了，流传到今天至少也有 1000 多年的历史。馓子可以干吃，也可用水泡或煮着吃。

馓子冲泡方便，也容易消化吸收，千百年来，曾是丹阳每个家庭中女人坐月子必备的营养食品。产妇生孩子是大事，以前人家，经济再困难，临产前都得准备几斤馓子，以便产妇临盆后食用。不过当地的风俗是，孩子生下后，主人家首先要泡一碗红糖馓子和三只荷包蛋给接生婆吃。接生婆走时，还得抓几把馓子贴上红纸相赠。直系至亲来看望产妇，都备有母鸡、馓子、红糖等食物作为礼品，产妇家也得冲泡一碗红糖馓子给他们吃，另外再回赠几把馓子和草纸，让亲戚带回去。

馓子的制作也很有技巧，以糯米粉和面粉按比例混合，和面时要用比较大的劲道，要放些盐，再加一些鸡蛋和植物油，可以使馓子更香脆；和面结束后，再捻扭成细索，反复拉成圆盘状，用长筷子一拉，就可入锅油炸了，出锅后就成了一椭圆形的条盘状，可以一盘一盘摞得很高。油炸后的馓子色泽黄亮，又香又脆。民间有"点心香，月饼美，馓子甜又脆"的歌谣。宋代文学家苏东坡曾写诗赞美馓子："纤手搓成玉数寻，碧油煎出嫩黄深。夜来春睡无轻重，压扁佳人缠臂金。"从中可见馓子的流布之广及在老百姓生活中的重要地位。

乌米饭

　　丹阳民间盛行每年农历四月初八吃乌米饭的习惯。在丹阳四大古镇之一的延陵地区，更流传着一段与乌米饭有关的目连救母的感人故事。

　　目连是二十四孝中的一大孝子，他母亲因在人间作恶太多，被阎王捉去打入十八层地狱，关进饿鬼道，天天没有东西吃，饿得骨瘦如柴。

　　目连知道后，深感心痛。为报答母亲的养育之恩，他一心想着要送饭给母亲吃。于是，他将辛辛苦苦积余的粮食，煮成白米饭，装在钵头里，送往深山野谷的饿鬼道。一路之上，他吃尽千辛万苦，傍晚时分，终于到了饿鬼道旁，却遇到一群守门的小鬼将他拦住，不让进去。目连声泪俱下，苦苦哀求。这群小鬼穷凶极恶，蛮不讲理，当看见一大钵头白米饭时，个个像饿狼一样扑上去，吃得精光。目连急得喊天哭地，昏倒在地。当他苏醒时，天已大亮。他强撑着身体，慢慢地一步步回到家中，茶饭不思，睡觉不香。

　　日后，他思母之心更为加剧，心想，这群看门的小鬼可能也是饿疯了，看见白米饭像发疯一样地抢，我不妨想办法，把白米饭变个颜色，最好变成黑颜色，让这群小鬼不知是何物。于是，目连到处求神仙、访名人。后来有一老农告诉他，茅山脚下长有一种药草，用水可以泡出黑汁来，如果把米放进去浸泡，就可以泡成黑色。他听了兴奋不已，跑到山脚下采来了这种药草，试了一下，果然将白米饭做成了乌米饭。目连高兴坏了，立刻将乌米饭装进袋子里，急匆匆赶去送饭给母亲吃。

　　到门口，这群小鬼没有看见白米饭，只在袋子里发现了一包黑乎乎的东西，以为是烂泥，没有油水可捞，又经目连苦苦相求，就放他进去了。目连大喜，三步并成两步，一跃跪倒在母亲面前，痛哭不止，并双手捧起乌米饭，请母亲充饥。母亲见目连一片孝心，深感自己生前罪孽深重，后悔莫及，流下了忏悔的泪水。就这样，目连长年累月给母亲送乌米饭，一片赤诚的孝心感动了玉帝，遂下旨阎王，赦免目连母亲，让其重新投胎，返回人间。

　　中医养生学认为，常食乌米饭，能强筋骨、益力气、固精驻颜。现如今，延陵有的餐饮店家将蒸熟的乌米饭用模子压成薄饼下锅油炸后装盘，浇上松子、糖、醋、番茄酱，别有一番浓郁的西乡风味。

酥油烧饼

丹阳的烧饼品种繁多，而且很有特色。从形态来分，有圆的、方的，也有斜角的。从口味来分，有甜的、咸的，也有其他口味的。从制作方法来分，有平底锅烙的，更多是炉内烘烤的。从工艺来分，有带馅的、无馅的。若馅心用板油来制作，那就是上等的酥油烧饼了，即叉酥烧饼。

据老丹阳人回忆，20 世纪 50 年代初，新民中路靠近姜家大门（中草巷十字路口以东）有家胥姓烧饼店，做的叉酥烧饼工艺非常讲究，味道也独特，生意非常好。中草巷北端也有一家戴姓烧饼店，做叉酥烧饼，还做金刚脐，生意也不错。

20 世纪 70 年代，贤桥脚下有家小吃店，门口架着炭炉，做叉酥烧饼、斜角烧饼，还做油条，香气袭人，甚是有名。掌炉的师傅人称"小马子"，个儿不高，但动作麻利，技术娴熟，远近闻名。他做的斜角烧饼没有馅，分甜、咸两种，但外表都沾着芝麻，香脆可口。他干活就像是一种艺术表演，边上总是围着一圈人在看，当然，有的是想买刚出炉的烧饼。"小马子"最吸引人眼球的动作是贴烧饼，面团揉好后，拉成长条，压扁，再切成均匀的小块，这就是饼坯。只见他一手拿饼坯，一手蘸水，"啪"地拍一下，快速地伸进炉内，将饼坯贴在内壁上，如此反复，动作如飞，转眼间将一大片饼坯贴完了，围观的人无不称奇。虽然炉内炭火熊熊，可"小马子"并不惧怕，其动作干净利落，毫不拖沓。倘若稍有迟滞，手必然会灼伤。

现如今，丹阳南门大街东侧有个"小虎烧饼"店，店主叫沈小虎，年轻时进丹阳第一饮服公司上班，就跟在老师傅后面学做糕点，掌握了许多绝技。后来，沈小虎下岗创业，开了一个烧饼店，充分发挥其专长，不仅做各式烧饼，还做金刚脐及花色糕点，生意长久不衰，至今已近30年了，名气响当当。一些老丹阳人怀念金刚脐的美味，三天两头到"小虎烧饼"店来买了吃。南门大街西侧还有个师傅叫童标华，开烧饼店也已十几年了，他做的烧饼品种丰富，味道可口，烧饼店生意兴隆。他带出的徒弟已有360多个，遍布全国各地。

新河桥东的阜阳路上也有个烧饼店，店主姓麻，做的烧饼也很有名气，生意非常红火，有时人们还要排队才能买到。

乡镇做烧饼出名的要数访仙镇了。镇上有一对夫妇一直沿用着最传统的方法制作酥油烧饼，已有40多年了。这种传统的美食用酥油、猪油、面粉、葱、芝麻等食材制作，需要放入最原始的小炭炉内烘烤，一炉一次只能烤10块，所需时间大概15到20分钟。这种烧饼又称叉酥烧饼，色泽金黄，薄层重叠，内外焦脆，香酥可口，可谓是原汁原味的美食。咬一口，就能让人忘不了，并能长久感受到那种特有的老味道。

酥油烧饼制作工艺比较严格，面团要经过发酵，一般用老面做引子，且不能发过头，否则烧饼会发硬。秋冬季节，和面应该用温水。所用的板油，要将皮膜清理干净，切成细小的板油丁才能用。烤炉的火候要把握好，切忌猛火快烤，那样易焦，小火慢烤才是正道。由于酥油烧饼口味独特，名声四播，许多人特地从大老远的外地慕名前来品尝，吃了都赞不绝口，往往还带回去给家人或朋友品尝。

黄金炒饭

访仙有一道美食，名为"恒升坊黄金炒饭"，其制作精细，加工讲究，注重配色，具有原汁原味的特色。

炒饭是运河文化的产物。公元604年，隋炀帝在长安登基，因留念扬州美景，于是兴师动众开挖运河。随着运河的通航，南北航运业逐步发展，随之产生了背纤拖船的船工船民，他们起早摸黑地劳作，非常辛苦，于是就创制了方便、价廉、耐饥的蛋炒饭。

在海外，炒饭或许是最著名的一道来自中国的美食，因为这几乎是在所有的西餐馆里唯一也是必备的一道中国风味美食。但就像是一千个读者就会有一千个哈姆雷特一样，对炒饭的做法，仁者见仁，智者见智，每次吃到的炒饭都是不一样的配方。

单纯将米饭配些菜炒热，让顾客吃饱充饥，这是再普通不过的厨事了。如何让炒饭提高档次，让客人眼前一亮，吃了还想吃呢？我们以访仙镇的"恒升坊黄金炒饭"为例加以说明。第一，配料与众不同，加入了鸡蛋、虾仁、牛肉、胡萝卜、豌豆等，使得炒饭营养丰富，质地松软，易消化，口味佳；第二，在色泽上着眼，用蛋黄使炒饭呈现"金黄"色，让人一见就喜爱；第三，炒饭以"黄金"命名，彰显其尊贵品质。

这一创新思路经过实践，收到了意想不到的效果，将本是普通的炒饭变成了一道高档次的美食，大受食客欢迎，被列入"恒升坊"酒店的经典食单。

黄金炒饭主材都是易得易取的"通货"：米饭、火腿丁、虾仁、豌豆、胡萝卜丁、鸡蛋、牛肉末。调料也是大众化的：花生油、黑胡椒、生抽、恒升香醋、葱末、盐等。

在方法上，采用炒制。准备好材料后，在锅中加入适量花生油，中高火热油润锅；再加入火腿丁和虾仁，炒至虾仁肉色变白起锅装盘备用。再往锅中倒入适量油，加入胡萝卜丁、豌豆、少许盐和醋，煸炒至发蔫后，起锅装盘备用。若锅温过高，可转至中火。再往锅中倒入适量油，倒入打散的鸡蛋，快速搅拌几次后加入米饭，继续炒至米饭松散。加入炒好的配料，撒上少许盐和胡椒粉，加入适量生抽，再翻炒均匀，尽量做到使米饭颗粒分明。最后，撒上几撮葱花即可出锅。若不用鲜虾，可将虾仁浸泡在适量的丹阳黄酒中，加入少许盐，腌制5分钟后再使用。

当金灿灿的炒饭装入洁白的瓷盘端上桌时，热气腾腾，香气袭人，诱人食欲。加之其荤素兼有，色香味俱佳，食客品尝后都会有意想不到的收获。

麻团

麻团外脆里嫩，香甜酥糯，它曾与烧饼、油条一起，占据了丹阳传统早点的前三甲位置。

制作上乘的麻团，首先要挑选好料。为了保证麻团的色泽金黄蓬松，除了要选用优质的糯米粉、白糖和猪油外，芝麻的品质也很重要，应选用上等且无杂质的白芝麻，若芝麻的质量较差或含有杂质，会使麻团的表面出现斑点，不仅影响色泽，而且还碜牙。

做麻团须用传统方法加工的水磨糯米粉，现磨现做。将磨好的糯米粉沥干水分后，加白糖搅拌透，再切成小块，包入豆沙馅料，外表滚粘一层白芝麻后放入油锅炸，炸至金黄色时捞出沥油，待稍凉后就可食用。

制作麻团对白糖的用量标准很严格，切不可过量，若糖分过重，表面容易炸煳，味道发苦。和面时添加的水量也至关重要，若水加得过多，面团太软会使麻团成品塌陷；水加得过少，面团太硬，又会增加制坯的难度且成品不蓬松。

现在，丹阳一些酒店和餐馆的面点师在继承传统制作工艺的基础上也有了一些革新，比如在传统配方中添加一些马铃薯粉，使麻团口感更好，营养也更丰富了。通过这样的工艺革新，古老的麻团变身为时尚点心食品了。

缠缠糖

缠缠糖在丹阳方言里念"煎煎糖"，即北方人所说的麻花，意思就是麻花条"缠"在一起炸出来的甜食。丹阳人常喜欢把"缠"的意思以"煎"的发音表达出来，所以叫"煎煎糖"，一向是儿童很喜欢吃的食品。如今，每个上了年纪的丹阳人只要提及"煎煎糖"三个字，头脑里都会浮现出孩提时代食用"煎煎糖"的生活情境。

丹阳缠缠糖有甜、咸两味之分，但以甜味居多。甜味缠缠糖有拌糖（外表撒砂糖）和不拌糖的区别。从形状看，又有两种叫法，一种叫倒三股缠缠糖，一种叫绳子头缠缠糖。在丹阳，做绳子头缠缠糖的点心师傅更多一些。从原料成分看，也有两种叫法，一种叫芝麻缠缠糖，外表滚一层芝麻下锅油炸。另一种叫芙蓉缠缠糖，出油锅后，要滚上一层用熟面粉与白糖混合的糖粉，二者都有焦脆酥香绵甜的特点。当然，口味最好的缠缠糖都是用花生油炸出来的。

缠缠糖还有一个特点：存放较长时间（3个月内）不会坏。因为它是油炸的且不带馅，这比起馒头、面包、蛋糕等有较大的优势。许多丹阳人买一大堆回家，可以慢慢吃，不用担心短期内变坏。早餐时稀饭里泡上一根缠缠糖，吃起来别有一番风味。

面塑糕团

丹阳的面塑糕团可谓百花齐放。

早在清代，丹阳东南乡一带就流传一个习俗，每逢过年过节、迎亲祝寿，富裕一点的人家都专门请民间面塑艺人到家里来制作面塑糕团（俗称堆花团子，也有叫"大团子"的）。做堆花团子，都是用糯米粉、面粉作原料，手工捏制各种造型并上蒸笼蒸成半熟，凝固结面，再用食用颜料着色。所捏的人物如寿星、寿桃、财神、孩童、花卉、飞禽走兽、十二生肖等，个个惟妙惟肖，栩栩如生，寓意"吉祥如意、花好月圆、长命百岁、四季平安"。这些喜庆的大团子，事后都分送亲友，既可观赏，还可食用。食用时得用水泡，再切成小块煮熟。

20世纪70年代，导墅镇小塘西村有位叫孙扣宝的第四代家传面塑老艺人，每逢周边村庄演戏时，他总是挑着担子在场边现做现卖面塑，吸引了群众围观。当时还是位年轻瓦匠的符国俊对此很感兴趣，就请求跟着学面塑。三年后，他不但学成了面塑技艺，还把这门民间绝活发扬光大，创作出了各种造型的面塑作品。符国俊不但在家乡周边摆摊捏面塑，远的还到常州一带展示才艺，很受欢迎。

丹阳还有一位民间工艺美术艺人沈建国，他捏的面塑人物、花卉也有鲜明的个性，色彩丰富，人物姿态各具特色。

2020年，面塑入选镇江市非物质文化遗产名录。

百叶结烧肉

百叶是江南传统豆制品之一，最早始于汉代。百叶含有丰富的大豆蛋白，而大豆蛋白能恰到好处地降低血脂，保护血管细胞，预防心血管疾病。

制作百叶，传统方法是将煮熟的豆浆浇在布上，再一层一层加布浇叠，然后盖上压板，上加重物压榨脱水，最后揭去层层布就获得百叶了。其形薄如纸，色黄白，可凉拌，可清炒，可煮食。

猪肉的动物性蛋白丰富，多脂肪，还含有碳水化合物、钙、磷、铁等成分，其性平、味甘咸，具有补肾养血、滋阴润燥之功效。

将百叶切条，再打成结，与猪肉共烧，这就是丹阳老百姓餐桌上常见的一道菜了。

"百叶结烧肉"的原料易得，食用者也广。烹饪时，浓油赤酱与糖酒葱姜齐发力，使得肉质红润，软糯鲜香；百叶结也因吸饱了肉汁而显得格外鲜美，非常受人喜爱。无论是大酒店的掌勺大厨，还是百姓家庭中的主妇，烹烧这道菜都各有心得，也各有千秋。

"百叶结烧肉"的制作方法可以简单，也可以复杂，视做哪种"规格"而定。要想将这道菜做得好吃，色香味俱佳，上档次，除了主料要精选并处理好，还得有好佐料，一般得备上生姜、香葱、豆油、冰糖、丹阳黄酒、盐、八角、桂皮等。

大厨们在烧制方法上更讲究：先将百叶切条，再打成结；姜葱洗净，姜切片、葱挽结；将肉泡在清水中半小时，切成小块，沥干待用。准备工作做好后，就将锅烧热，放入油和冰糖，中小火炒糖色（如果不炒糖色，可直接用老抽上色），冰糖不断翻炒，慢慢融化且变成棕红色时，糖色就炒好了。随后放入肉块，小火煸炒，再放入生姜、八角、桂皮炒香，待肉块吐油，变色收缩，喷些黄酒与老抽，翻炒至肉块完全上色后倒入热水并没过肉块，放入葱结，大火烧开，再盖锅转小火炖烧，达八成熟时，放入百叶结、盐，继续煮，至百叶结入味，转大火收浓汤汁，就可出锅装盘了。

此菜若加上毛笋、蘑菇等辅料混烧，味道会更加鲜美。

吃讲茶

丹阳西部丘陵地区适合种茶，所产的炒青、碧螺春很有名。

丹阳人喝茶的风气很盛，形形色色的茶馆遍布城乡，有的老人早上一起来就跑进茶馆吃早茶，中午回来吃个饭，再去茶馆吃下午茶，至晚方归。天天如此，乐此不疲。

在丹阳人说话的习惯里，有时"吃""喝"不分，比如喝酒会说吃酒，喝茶叫吃茶。其实，如果推敲起来，酒也好，茶也好，一个"吃"字，含义却是很丰富的。比如流传于丹阳民间的"讲茶"一事，就非用"吃"字不可。为什么呢？因为吃讲茶是调解民间纠纷的一种方式，"吃"就代表着接受、服从的意思，若用"喝"字，是一点儿也表达不出来的。

讲茶一般都是这样吃的：老百姓若是在砌房造屋、兄弟分家、遗产分割等方面产生了纠纷，相持不下时，就得请当地一些有名望、有威信的人出来调解，也就是俗话

说的"到巷子里吃茶",地点多选在本村或附近较有名气的茶馆里,时间大约在午后两点,经费由矛盾双方共同承担。各方人员到齐后,泡上来一壶茶,每人跟前上一杯茶后,吃讲茶就开始了。

首先由调解人说明,请大家来是为调解某某某与某某某因为何事何故产生的矛盾,请在座的各位共议;然后由矛盾双方分别陈述自己的理由和看法,提出各自的具体申诉请求;接着再由其他的知情者补充讲述事情的原委,提供有关的证据。在此基础上,调解席上的主持人进行调解工作。如果一时调解不下,还要休会片刻,由调解人分头再与矛盾各方进行协商劝喻,直到达成一致意见后重新开会,由主持人公布调解结果。这个结果就是解决问题的结论,也是双方必须遵守(也就是"吃")的协议,不得擅自违反。至此,会议结束,茶也吃得差不多了,各自散去,这就叫吃讲茶。

现在,各个村里都有政府派出的调解员从事邻里之间日常可能发生的各种矛盾纠纷的调解工作。形式虽然变了,但矛盾双方到场,泡上一杯茶,评说道理,化解纠纷以实现和睦共处的愿望和目标没有变。可以说,"吃讲茶"的传统心理习惯时时刻刻都在影响着老百姓的生活,为化解各种现实矛盾发挥着重要的作用。

从丰富的美食喜好中寻味丹阳

四季分明的气候特征

为生活在这片土地上的人们提供了丰富多样的时令食材

赐予了丹阳人一年四季的好口福

"尝鲜"的嗜好未尝不是一种"天人合一"思想的物化表现

春天的故事

橄榄油河豚鱼

踏着初春的脚步到丹阳来的客人，最想品尝的美味是什么呢？我们首推橄榄油河豚鱼。

有苏东坡诗为证："蒌蒿满地芦芽短，正是河豚欲上时。"河豚鱼是长江特产，与刀鱼、鲥鱼并称"长江三鲜"。每年清明前后，河豚就从大海洄游进入长江，在东起江阴、西至南京的一段江水里产子，结束后重新返回大海。像所有的洄游鱼一样，河豚鱼肉质细腻，营养丰富，味道极其鲜美。河豚皮还有暖胃健脾的功效。

丹阳人爱吃河豚鱼，有的酒家每年都举办烧河豚鱼大赛。

有经验的人都知道，腮帮子鼓得越大的河豚鱼，身体越健壮，味道越鲜美，此言不假。但是你知道河豚鱼的腮帮子为什么胖咕咕地鼓那么大吗？据说是给气出来的。那么究竟是怎么回事呢？

据说，很早以前，在波涛汹涌的长江江面上捕捉河豚鱼十分困难，丹阳沿江的渔民们经过多年的观察和摸索，积累了一项独特的捕捞经验，也就是等到江面上起大雾的时候，划着小船到江中心去，不是撒网捕捉，而是耐心等待河豚鱼自动上船。这是为什么呢？

原来大雾起来的时候，江面上白茫茫一片，水天相接，辽阔无边，桀骜不驯的河豚鱼产生了错觉，以为回到了大海，兴奋不已，个个发起飙来。可长江毕竟不是大海，还是太小了，不够河豚鱼尽情施展技能，它们一使劲，竟像一支支利箭似的射出了水面，飞到空中。毫无思想准备的河豚鱼猛地吸进去一股毫无咸味的空气，才知道自己错了，可是已经晚了，落下来时有不少就掉在了船上。那口大气因为吸得太深，再一生闷气，就堵在喉咙里边没法吐出来了，所以每只被捕获的河豚鱼都鼓着大大的腮帮子，一副英雄落难、极不服气的样貌。这就是老渔民说的，腮帮子鼓得越大的河豚鱼，身体越健壮，味道越鲜美。

丹阳人烧河豚鱼也分流派，其中有一派人称"陆氏河豚鱼"，采用白煨的烧法，故又称白汁河豚，世代相传，在沪宁线上远近闻名。

不过，近些年来，丹阳人烧河豚鱼有一更亮眼的"卖点"：在传统烹制工艺基础上加以创新，既不用猪油也不用豆油，而是采用营养保健价值更高的橄榄油，故又称"橄榄油河豚鱼"，极大地满足了生活富裕起来的广大食客的食欲，使人们在享受口福的同时兼顾身体健康。橄榄油河豚鱼在沪宁线上也自成一格，很受欢迎。

刀鱼馄饨

春天的刀鱼馄饨，不可不尝。

丹阳东北乡的界牌镇、新桥镇、后巷镇地处长江之滨，长长的江岸线给丹阳带来了不少"黄金水道"鱼类产品，它们是长江"三鲜"——刀鱼、鲥鱼、河豚。

用新鲜肥硕的雌刀鱼制成的刀鱼馄饨，晶莹润泽，有细、滑、香、鲜四大特点，食之令人回味无穷，是丹阳的著名小吃。

丹阳人吃刀鱼馄饨，有史书记载始于明代。

明代弘治、正德年间，丹阳东北严庄的孙统和孙育，为效仿陶渊明的隐逸之举，享受含饴弄孙的晚年生活，在群山怀抱之中营建了七峰山庄园。孙育与当朝宰相杨一清是亲家，杨一清爱吃馄饨，每到清明前后，孙育便经常做刀鱼馄饨来招待他。

杨一清历经明代的成化、弘治、正德、嘉靖四朝，为官 50 余年，官至内阁首辅。他不仅多次与"吴中四才子"唐寅、祝允明、文徵明、徐祯卿一起吃完刀鱼馄饨后在七峰山崖石上题字，还常与其他名人贤达流连于七峰山，吃着刀鱼馄饨，谈诗论画，垂钓于江边。据《严庄孙氏家谱》记载，杨一清对孙育用刀鱼馄饨招待自己赞不绝口，还称刀鱼馄饨为"天下第一鲜味"。

制作刀鱼馄饨主要是制皮和制馅，制作馅料最难的是"出刺"。

刀鱼馄饨包馅的制作工艺，最传统的方法是在预备好的狭长的新鲜猪肉皮上来操作。先将刀鱼的主骨、头部剔除，然后将刀鱼平摊在肉皮的肉质层，用刀子轻轻地逐一横向下剁。这样猪皮不仅能粘住鱼茸里细小的刺，还能使馅料里充满肉皮的香气和油脂，口感更加滑嫩。

还有的用棒头"敲"刺，或用刀斩碎再"滤"刺，多数是煮成半熟，再"捏"刺。

选择刀鱼要挑早春出水的鲜货，尽可能选肥硕的雌鱼。用刀鱼做包馅还需用秧草，或韭菜，或荠菜，另外还需蛋清。

刀鱼去除鱼刺后的鱼茸分为两份，4/5 份作馅心，加入料酒调味，并分几次逐步缓慢地掺入少许盐和凉水，使鱼肉馅更加细嫩；馅心放入冰箱冷藏 20 分钟，使其充分胀发。

馄饨皮要选用精白面粉为原料。揉面时在面粉中加入 1/5 份的鱼茸和蛋清后，再逐步掺入冷水揉面，之后静置 10 分钟。取醒好的面团，用手工擀制成馄饨皮，包入冷藏过的馅心。

在吊汤时，鱼头和骨（也称龙骨）飞水后，放入葱姜、料酒，慢慢熬制高汤。将高汤筛除鱼骨后盛入碗中，将煮熟的馄饨捞至其中，撒入少量白胡椒粉、香油即可。

丹阳有农谚说："七九见河豚，八九见刀鱼"，"刀鱼不过清明"。刀鱼以清明前味道最佳，因为此时的刀鱼正处于繁殖季节，肉质细嫩爽滑，鱼刺柔软。清明后，刀鱼骨头钙化发硬，便失去许多鲜味，因此"明前刀"和"明后刀"的价格也有天壤之别。

歪周咸肉汤

歪周就是河蚌，在丹阳俗称"歪走""歪子"，而《丹阳方言词典》中写作"歪周"。

歪周生长在河流、池塘的水底，隐没在泥沙中，行踪隐秘。

丹阳河塘沟汊众多，浅水湿地也多，故而歪周产量十分丰富，一年四季都有上市。

从营养学来分析，歪周的营养非常丰富，有蛋白质、脂肪、钙、磷、铁、维生素A、维生素 B_1、维生素 B_2 等，其肉质细腻，味道鲜美，甘脆嫩滑，深受食客的青睐，还是人民大会堂的国宴膳品呢！

行家认为，清明前后的歪周最干净、肉质最肥厚，所以丹阳地区清明前后不仅有传统名菜"歪周咸肉汤"，更流传着"春天喝碗歪周汤，夏天不生痱子不长疮"的说法。

咸肉就是用盐腌制过的猪肉，也称为"腊肉"，可以长期存放。

"歪周咸肉汤"做时还要加点老豆腐。歪周、咸肉、老豆腐，这是三种营养丰富的食材，凑在一起做成一个汤菜，对人体有啥好处呢？

从保健角度来分析，好处还确实不少。歪周肉具有补血、护齿、滋阴平肝、明目防眼疾、保护骨骼的功能；咸肉有保护神经系统、促进肠胃蠕动、抗脚气的作用；老豆腐有提高人体免疫力、防止血管硬化、减少胆固醇、保护心脏的功能。可见，经常食用歪周咸肉汤，对我们人体有很多好处。

歪周咸肉汤在制作时要准备好必要的调料，如料酒、葱、姜、蒜瓣、盐、胡椒粉、花生油等，其中的胡椒粉不可或缺，这是形成风味的主要素材。

歪周的处理也重要，先将歪周壳剖开，除去肠鳃等脏污。将歪周肉放置在砧板上，用木棍轻轻地敲打歪周肉的"舌头"位置，再把歪周肉用盐搓洗两三遍，就可切成均匀的小块待用。咸肉可选用农家腌制的肥瘦相间的五花肉，洗净，切成薄片待用。豆腐切成小块，在沸水中余水后待用。

烧制也有章法，先热锅下油，放姜片煸炒出香味，再倒入歪周肉煸炒均匀，加料酒、足量清水，大火烧开，撇净浮沫。这个时候再转小火焖煮20分钟，放入咸肉、豆腐，转成大火再次烧开。再放葱、蒜，转小火焖煮20分钟即可出锅，上桌前再撒上少许胡椒粉。

歪周咸肉汤清香飘逸，色泽悦目，味道鲜美，让人吃了还想吃。

里蒜饼

　　阳春三月，万物复苏，丹阳东北乡丘陵岗坡上萧瑟的衰草像一床厚厚的被褥覆盖着荒原。此时，野葱会坚强地探出头来，绽放一丝新绿。

　　每逢这一挖野葱的好时节，人们便结伴外出踏春，顺带挖点野葱回家。如果在早上为家人做一份野葱饼，配上一杯牛奶，享受一下春天的馈赠，真是惬意极了。

　　因为野葱长得比人工栽培的葱要略微细小，且根部白，带有小似米粒的小球，所以丹阳城里人将野葱称为"米蒜""小葱"，制成的饼又称"米蒜饼""小葱饼"。不过，要论文化底蕴，还要数丹阳东北乡一带，那里的人们将野葱称为"里蒜"，并将其做成的饼称作"里蒜饼"。

　　用里蒜做饼的历史，从西晋末年开始，已有1700多年，并且说是与梁武帝萧衍有联系。

　　西晋"永嘉之乱"后，引发了北民南迁。萧何的20世孙萧整，带领宗族一大家子人从山东兰陵迁徙定居在南兰陵（今丹阳）东北的龙脉地东城里。他们在东城里繁衍生息，为了维持生计，将山里的野草尝了个遍，并给野葱的名字掺入地名"东城里"的元素，称之为"里蒜"，一直沿袭至今。

　　公元544年农历三月初十，81岁的梁武帝萧衍东巡到达南兰陵，拜谒父母的建陵，并到亡妻郗皇后的修陵祭祀，还在皇业寺设法会。东城里的萧氏村民，看到自家宗亲皇帝来了，纷纷想法进献一点东西。其中有个乡人到东城里岗坡上挖了一把野葱，切碎和上面，做成香喷喷的饼招待梁武帝。萧衍品尝后十分喜爱，听到是用东城里老家的野葱做的饼，便欣然赐名"里蒜饼"。

　　萧衍回到宫里后，特命御厨仿照他老家的"里蒜饼"做法做饼子，作为宫殿小吃。从此以后，城里乡下，一到阳春三月，人们便争相采挖里蒜，尽情品尝，传承至今。

里蒜属于野生植物，具有特殊的辛香味，含有蛋白质、脂肪、胡萝卜素、维生素、铁、钾、钙等矿物质，可促进人体代谢，可健脾开胃、助消化、解油腻、促进食欲，具有理气、通阳、活血化瘀等多种功效。

制作里蒜饼并不复杂，首先将里蒜洗净、根部圆球拍扁后全部切碎，与面粉一起倒入容器内，放入适量盐、糖、料酒、水，搅拌均匀（不能有面疙瘩），形成里蒜面糊。然后用小火将锅体加热后倒入油，使油淋满锅底。再倒入里蒜面糊，摊成薄薄的圆饼（或用调羹将里蒜面糊舀入锅里，形成一个个小圆饼）。当一面烙至微黄，将其翻面，烙成两面金黄后即可出锅享用。

吮螺螺

"吮螺螺"乃丹阳饮食一绝。螺螺，即螺蛳，丹阳地处江南水乡，盛产螺蛳，丹阳南门外有一小村，从前就叫螺螺村。

螺肉丰腴细腻，味道鲜美，素有"盘中明珠"的美誉，其富含蛋白蛋、维生素及人体必需的氨基酸和微量元素，是典型的高蛋白、低脂肪、高钙质的天然动物性保健食品。

如今，吃螺蛳已成为丹阳人的一种美食享受，吃法更是多种多样。当然，最受欢迎的还是"吮螺螺"。顾名思义，吮螺螺就是用嘴从螺门将螺肉吸出而食之。

清明时节，是采食螺蛳的最佳时令。此时螺蛳还未繁殖，肉质最为细嫩肥美，有"清明螺，抵只鹅"的说法。过了清明，螺开始长卵，味道就没有清明前好吃了。

做吮螺螺的工序还是很复杂的：螺蛳摸（或买）回家，清洗后放清水中静养2~3天，以便吐出泥水。烧的当天，捞出后先剪去螺蛳"屁股"，再用清水润养2~3个小时（清明过后，还要在水中滴几滴油，使之排出小螺蛳等杂物）。下锅前，将生姜、大蒜头、辣椒切碎，待锅内油烧至七八成熟时下入螺蛳，旺火煸炒片刻后，加生抽、料酒、盐、白糖翻炒，再加少许清水焖煮后，撒入胡椒粉、鸡精就可以出锅了。有一点很重要，螺蛳爆炒后加汤煮开过程中只能揭一次锅盖，之后再也不能盖锅盖，否则吸吮螺肉会比较困难。

吮螺螺的这种做法，螺肉的鲜味全部保留，原汁原味，吃时或借助筷子捅或依靠牙签挑，双手并用，用力吮吸，饶有情趣。

丹阳水塘很多，在塘边大树根部、水草根部，在淘米洗菜的码头边，都有特别多的螺蛳，春、夏、秋季可以用手摸，冬季可用趟网在水里打捞。还可以搓一根草绳，沉到水里，螺蛳会争着往草绳上粘，想吃时，将草绳拖上岸，附着在草绳上的螺蛳都将成为盘中美食。复将草绳抛进水塘里，过几天再捞，又是一串螺蛳，一串美味。

韭菜炒螺蛳

　　春天的头刀韭菜无人不爱，春天的新鲜螺蛳备受青睐。可以这样说，韭菜炒螺蛳不仅是大自然对人类的恩赐，还是百姓餐桌上的一道春天的风景，更是古代文人士大夫的钟爱之物。

　　相传，明代的唐伯虎、祝允明和杨一清曾在七峰山房品尝"韭菜炒螺蛳"而留下一段佳话。

　　明正德十五年（1520）春天，致仕后在镇江居住的杨一清又乘船来到七峰山找他的亲家孙育畅叙家常。在山北麓下船时，他看到圩港的小沟里有许多螺蛳，有的已爬到岸边，稍一伸手就能摸到一大把；山梁上还种满了一畦畦韭菜……春天的勃勃生机使他的心情很好，一见孙育就忍不住说："亲家，螺蛳和韭菜的季节到了，你赶紧做一盘韭菜炒螺蛳给我尝尝鲜！"

　　东吴四才子中的唐寅和祝允明，听说曾经的礼部尚书兼武英殿大学士、出任三边总制之职的杨一清在孙育这里，也相继来到丹阳，相会于七峰山房。

　　官宦和文人雅士汇聚在一起，席间大家分韵填词唱和。当端上韭菜炒螺蛳这道菜时，孙育说："大家来得正是时候。吃韭菜、螺蛳最讲究季节，所谓'春食则香、夏食则臭'是也。"

　　唐伯虎夹一筷韭菜、螺蛳入口，稍一咀嚼，便说："此乃一道好菜！杜甫诗曰：'夜雨剪春韭，新炊间黄粱。'今日品尝此菜，情景正可与子美诗境相往来。"

　　杨一清接着说："汉时，韭菜栽培技术即已相当成熟。至宋代，为让农民种好韭菜，官府曾经下过'男女十岁以上，种韭一畦，阔一步，长十步，乏井者，邻伍为凿之'的法令。"

　　祝允明接上去说："诸位可知韭菜这名字是谁起的？光武帝刘秀也！刘秀在落魄时，乡下的蔬菜救过他一命，因此就给救他一命的'救菜'赐名'韭菜'。"

　　大家谈笑风生，觥筹交错，筷起筷落，一盘韭菜炒螺蛳很快就见了底。

片儿汤

片儿汤并非专属于春天的时令食品，但作为"春天里的故事"，片儿汤在丹阳饮食文化宝库里占据着特殊的地位。

话说老丹阳城里有个灯笼巷很热闹，是做生意的黄金宝地。这条巷子里的小馄饨卖得最好。小馄饨摊点一般都摆放两张简易的小桌凳，旁边放一副担子，一头是炉子，上面放一只鸳鸯锅，一半是下馄饨的热水，一半是煮好了的骨头汤。周边还放着熬好的猪板油、酱油、味精、大椒等各式调味品；另一头是工作台，上面放着薄薄的馄饨皮和拌好的鲜猪肉馅。摊主都有一手包小馄饨的绝活，来了客人，立马动手，眨眼工夫就能包出一大堆白里透红的鲜肉小馄饨，往热气腾腾的锅里一放，顺手拿碗配好调料，喜爱吃辣的再放一点大椒，顷刻，一碗香味扑鼻、鲜美可口的小馄饨就端在面前，非常快捷方便。加上价格不贵，一角一碗，深受老百姓喜爱。

而真正让一碗小小的片儿汤"扬名立万"的，是因为邓小平曾经在戎马倥偬的年代里到丹阳灯笼巷吃片儿汤的真实故事。

1949 年 4 月 23 日，丹阳解放。接着，党中央决定在丹阳设立总前委办事处，刘伯承、邓小平、陈毅、粟裕、谭震林等云集丹阳，为解放大上海谋划决策。

一天深夜，总前委的首长们忙了一整天，肚子都饿了，就三三两两结伴去灯笼巷一带找夜宵吃。邓小平和谭震林最后出来。到了灯笼巷，见路边只剩下一个小吃摊还亮着灯，就上去询问。可一问才知道，摊点上的小馄饨全让前脚来的老战友们吃光了。"老乡，还有啥子东西吃吗？肚子饿哟。"邓小平问。摊主见状，只好回答说："就剩下一点馄饨皮子了，要不，我给长官下两碗片儿汤吃吧。"邓小平一听，笑着说："老乡，咱们革命队伍可不兴称长官，要称同志哟，那就麻烦你下两碗片儿汤吧。"摊主随即把馄饨皮用刀切成小三角状倒进锅里，摆上两个碗，放好调料，盛上煮得浓浓的骨头汤，捞起馄饨皮，上面撒些葱花，放些辣椒，端上桌。邓小平吃完后，感到身上热乎乎的，非常满意。他一边付钱，一边说："老乡，这个东西味道好啊，谢谢你啰！"

现在，有的饭店制作片儿汤时加些黑鱼片，也是别有风味。

"嘴巴子"鱼

　　晚春时节，桃花落尽，鳜鱼上市，丹阳人以其嘴大，且形状好像被了一耳光后龇牙咧嘴的窘相，故称"嘴巴子"。嘴巴子鱼多生长于湖泊、水塘、长沟中，喜藏于石缝，色青微黄，细鳞巨口，性凶猛，常以鱼虾螺蛳为食，其肉细嫩，无细刺。

　　烹饪嘴巴子鱼的方法，一是清蒸，二是糖醋。

　　清蒸嘴巴子：破肚去脏肠，留细鳞，洗净，盛放在鱼盆中；以丹阳陈酒、姜、葱、细盐抹匀鱼身，放入蒸笼或锅内隔水蒸熟。鱼味鲜嫩如酥，清汤明亮照人，沁人脾胃，营养丰富。

　　糖醋嘴巴子：糖醋嘴巴子为丹阳名肴。将洗净的嘴巴子鱼放入油锅翻煎，加水略焖，倒入香醋、陈酒、红糖，烹熟。糖醋嘴巴子上桌，色香味俱佳，可谓时令佳品。晚春时来丹阳，不可不品尝。唐朝隐士张志和有《渔歌子》诗："西塞山边白鹭飞，桃花流水鳜鱼肥。"也有人以"桃花落尽鳜鱼肥"来形容暮春时节品尝时令佳肴的雅致情趣。

　　上席嘴巴子鱼，最好选择1~2斤重的成鱼，3斤以上为老鱼。鱼老，肉粗，鲜味也大减。挑选时，不可贪大。

　　嘴巴子鱼，味甘、性平，可治腹内恶血，杀肠道寄生虫，益气力，健身强魄，补虚劳，益胃固脾。《医说》中有记载说，某地有一女子患肺痨病多年，偶喝鳜鱼汤，竟然痊愈。可见，嘴巴子鱼为人类做出的贡献不小。

春天尝野菜，育出皇后颜

"踏春"一词古来有之。勤劳朴实的丹阳人民在踏春郊游中一直保留着挑野菜尝鲜的习俗。野菜，生长在野外土壤中，生命力特强，自生自灭，素有"野火烧不尽，春风吹又生"之誉。荠菜、枸杞头、马兰头是丹阳人历来喜食的传统野菜，每年惊蛰之后，春暖花开时节，城里和乡村，不论贫富、男女，都有去野外挑野菜的习俗。一为春游，二为尝尝"野鲜"。城里人一般是午饭后去，每人自带挑野菜工具，手提菜篮，说说笑笑，从城内出老北门，上城郊三姑庙、观音山挑野菜。见马兰头、三瓣头、荠菜、枸杞头就挑。直到太阳西下，每人拎着一菜篮的成果，笑逐颜开地归家。

丹阳民众挑野菜尝鲜的习俗，还与南宋孝宗谢皇后喜挑野菜有关，并因此而受到历代文人追崇，如《曲阿诗综》中诸葛程《溪桥照影》载："宋孝宗皇后谢氏，丹阳人，幼育于翟氏，与群女出挑野菜，过一小桥，水静各照其影……"

马兰头

马兰，因花像野菊，亦称紫菊。多年生草本，野生于荒野田埂上或村边路旁背阳处。惊蛰后生嫩苗，夏天抽薹，茎高尺许，开紫蓝色小花。南方人喜将其晒干做蔬菜。丹阳有摘其嫩叶做菜的习俗，故称"马兰头"。可煮烧或油拌后食用。

二月是吃马兰头的最佳时节；到三月，茎叶盛发，则无人吃食。

三瓣头

苜蓿是张骞出使西域带回的。苜蓿二月生新苗，嫩苗可做蔬菜。因苜蓿一个分枝上有三片叶子，其嫩头可做菜，故丹阳人称其为"三瓣头"。过去农村用苜蓿喂羊，俗称"羊草"。如今城里人当鲜味采来吃。三瓣头可烧可煮，配上佐料，鲜美可口。唐朝白居易有诗曰："二月二日新雨晴，草芽菜甲一时生。"二月初二是我国民俗中"龙抬头"的日子，这时，野草野菜开始萌发，人们开始吃食野菜。过了清明节，野菜就很少有人问津了。

苜蓿，味苦，性平，主安中调脾胃，有益利人，可以长期食用；常食能强身健人，去脾胃邪热，去小肠各种热毒；可煮吃或做汤吃，晒干烧煮吃，药效与新鲜苜蓿相同。

荠菜

荠菜，因它能保护众多生物，又名"护生草"，《诗经·谷风》载："谁谓荼苦，其甘如荠。"足见其历史久远。荠菜，冬至后长出幼苗，春节前后上市。上市时，居民、店家纷纷买进荠菜，洗净去根，用来煮菜粥、菜饭，或做成圆子、馄饨、春卷（古代称春饼）的"馅"，鲜味特佳。宋代诗人陆游吃了菜粥（饭）春饼（或馄饨）后，写了一首《食荠十韵》诗，其中有一句："炊粳及鬻饼，得此生辉光。"清代邑人吉梦熊吃了筵席上的荠菜，赞道："芳荠登筵正味添。"

荠菜以味鲜著名，民家尤以"荠菜烧豆腐"进入饭桌，流传至今。《本草纲目》载："荠菜，味甘，性温，无毒。主利肝和中，明目益胃。根叶烧灰，治赤白痢，极效。"民谣曰："三月三，荠菜花，赛牡丹。女人不插无钱用，女人一插米满仓。"

枸杞头

枸杞，又名苦枸，常年生灌木，生命力很强，可入药。在丹阳城乡，枸杞多见于古桥石缝中、古屋断墙旁、荒山古冢中。《诗经》载："南山有枸，北山有楰。"可见枸杞历史之久远。

枸杞，在农历二月惊蛰后开始萌发幼枝，俗称嫩苗，从根部生出的幼苗肥壮柔嫩，从旧枝长出的嫩枝次之。丹阳人食用枸杞的风俗一直很盛，采摘的都是从根部萌生的嫩芽，称之为"枸杞头"。

枸杞头作为尝鲜美味，代代相传。枸杞头有两种吃法，第一种：将枸杞头洗净，入热锅油炒，加入少许水，倒些酱油，加糖，煮熟。其味苦甜适中，脆嫩可口。第二种：将枸杞头放进沸水中焯一焯，捞出来，滤去水，将枸杞头切成细末，盛入碗中，放入细盐、白糖、麻油，搅拌后即成，称之为"冷拌枸杞头"。陆游《剑南诗稿》有诗曰："雪霁茆堂钟磬清，晨斋枸杞一杯羹。"

枸杞味苦。俗话说，良药苦口利于病。人们吃食枸杞，主要是为了"健体"。枸杞主治五脏内的邪气，久服能强筋骨，轻身不老，耐寒暑，益精气，治各种慢性疾病。

夏天的记忆

谷口街臭豆腐

臭豆腐啥时节吃最痛快？懂吃的老丹阳人会说，夏天乘凉的时候吃臭豆腐最惬意。

说到丹阳市面上的臭豆腐，挂头牌的非谷口街臭豆腐（又名谷口街卤豆腐）莫属。这是一家传承了几代人的豆腐吃食，它之所以有名，秘密全在于其始终保留着独家传承的手工制作工艺。如果食客们不嫌"臭"的话，我们来看看臭豆腐的制作过程：

首先是选材：用来做臭豆腐的豆腐压得比我们一般吃的豆腐要硬，但比豆腐干软。

其次是发酵：将新鲜的豆腐一板一板上架，木质架子可以放十几层豆腐，中间要通风。豆腐抹上盐，点上霉菌（菌种溶化在水中，用手指蘸了弹在豆腐上），在无阳光直晒的通风房间里放两至三天，屋内气温一般控制在 32 摄氏度上下，豆腐会长出一寸长的白毛，即霉菌。

接着是发酵后的处理：将青矾放入桶内，倒入沸水用木棍搅开，放入豆腐浸泡两天左右后捞出稍稍沥干，然后放入臭卤水内密封浸泡几天，让臭卤水中的细菌、霉菌分解豆腐中的蛋白质，进而使豆腐的组织松弛，质地变得细腻，并且散发出臭味。此时，臭豆腐制作便宣告成功。

因为做谷口街臭豆腐用的都是自然发酵的臭卤水，尽管很臭，但经过油炸后就变香了，吃起来鲜香入味，沁人心脾。臭豆腐可以空口吃，也可以摆上宴席作一道菜。当然，从传统习惯讲，丹阳人最有感觉也是最痛快的吃法，是夏天的傍晚时分，坐在街巷里弄的露天摊点上，用筷子夹着刚出锅的臭豆腐，蘸着辣椒、香醋、蒜泥等调料，现炸现吃，那色泽黄亮、外脆里嫩，透着香醋、辣椒味且又五味杂陈的臭豆腐，吃起来香得心醉，是一种百吃不厌的美食享受。

子虾烂黄瓜

黄瓜是西汉时期张骞出使西域带回中原种植的。黄瓜特性喜湿而不耐涝，喜肥而不耐肥。丹阳地处江南，河塘密布，土地肥沃，是种植黄瓜的佳地，黄瓜也成了乡民最喜爱的蔬菜品种之一。

丹阳人将黄瓜也称"刺瓜""吊瓜"，到了盛夏季节，房前屋后和田里的黄瓜正好是盛产期。同时，丹阳各地池塘里的河虾也到了产卵的季节，此时虾肉鲜美，富有营养。子虾和烂黄瓜一起烧的菜品在丹阳城乡很普遍，尤其是徐巷村做的"子虾烂黄瓜"，入味爽口，很受大众的喜爱。

相传，明朝开国第一功臣徐达曾在丹阳吃过"子虾烂黄瓜"，这一故事在后巷的马嘶桥一带家喻户晓。说的是元至正十六年（1356）七月，徐达与张士诚及其部下陈保二会战丹北马嘶港的故事。

陈保二是常州奔牛镇人。他聚众乡里，以黄帕包头，人称"黄包军"。

徐达攻克镇江时，陈保二投降。但不久又被张士诚胁迫，率舟师反攻镇江。徐达听到陈保二部叛变，即以陈保二部用黄帕包头为谑语骂道："这个'子虾'，绝没有好下场。"

徐达先在龙潭大败"子虾"陈保二，后进围常州。

正值夏季，徐达的帅府帐设在丹北马嘶港旁边的黄瓜田边。当徐达在帅府里运筹帷幄时，看到东南方尘土飞扬，知道张士诚来偷袭了。徐达部署伏击，左手指着田里的黄瓜，右手挥舞着马鞭，对埋伏的步兵、骑兵胸有成竹地说："我们这次要将张士诚与陈保二的兵马像'子虾烧烂黄瓜'一样吃掉。"

此战徐达果然击败张士诚军，生擒陈保二。

所以，丹阳人在品尝"子虾烂黄瓜"这道美味时，心中会油然而生出一股英雄气概。

制作时，将子虾的须、脚剪掉，清洗，沥水；黄瓜去皮、去瓢，切成片块状。

锅内多倒些油，放入生姜片爆香，倒进子虾快速煸炒，至微微泛红色时，倒入黄瓜煸炒。加点料酒、葱、盐，确保锅内有汁液，那样虾才入味。再放点生抽酱油，这样更具酱香气，又不抢虾的色调。放糖后，开小火去焖煮，待黄瓜发软后，就可以出锅了。

子虾和黄瓜是同时令物产，相互搭配，黄瓜脆嫩，子虾鲜美！黄瓜有食疗作用，能抗肿瘤、抗衰老、减肥强体、健脑安神、降血糖等。《日用本草》记载，黄瓜可"除胸中热，解烦渴，利水道"。《本草求真》记载，黄瓜"气味甘寒，能清热利水"。现在子虾有的是人工养殖，有的属海货，但都含有丰富的蛋白、虾青素等多种营养物质，对身体而言是极有营养的，特别适合老年人和小孩。

山芋藤

北方人说的地瓜、红薯，丹阳人称之为"山芋"。丹阳处于宁镇山脉的东端，有低山丘陵和平原，土地肥沃，山芋产量很高。

山芋全身都是宝，被营养学家称誉为营养最均衡的保健食品，因而广受欢迎。丹阳人还别出心裁，用山芋藤来做菜。无论是普通人家，还是饭店、酒楼，都会做一道拿手菜——炒山芋藤。其制作方法倒也简单：待夏秋季山芋成熟后，到地里挑拣嫩绿的山芋藤，把藤梗上的外皮撕掉，用沸水烫一下，切成段，加蒜末、盐、醋等调料，或凉拌，或热炒，口感脆嫩清香。也有的用腐乳或虾酱调味，锅内放油烧红，猛火快炒，又是一番好滋味。

科学研究表明，山芋藤能清洁血液，促进多种内毒素在血液中的溶解与代谢作用，具有防治高血压、提高人体免疫力、抗衰老的作用。另外，山芋藤含有膳食纤维素和碳水化合物，可促进肠道蠕动，加快食物的消化和吸收，减少废物与内毒素在体内堆积，有防治便秘和痔疮的作用。故山芋藤不仅是正常人的"营养食品"，而且是病人的"功能食品"。正因为如此，山芋藤素来享有"蔬菜皇后"的美称。美国人早把山芋藤列为"航天食品"，日本则将山芋藤称为"长寿食品"。丹阳人说得更直接——"长寿菜"。

乌豇豆饼

丹阳市东北乡的丘陵地带有很多高岗薄田，种水稻没有水源，只能种点杂粮（麦子、豆类、玉米、薯类）。因此，当地每家都会在"十边地"、自留地种点儿乌豇豆等植物，以解决粮食短缺问题。

收获的乌豇豆可以做豆饼吃。夏天是吃乌豇豆饼的黄金季节，每到夏天，这里的乡民各家各户餐桌上，都喜欢在喝大麦粥的时候搭上乌豇豆饼。这样既清淡，又抵饱；既令人食欲大开，又防止疰夏，是非常好的饮食搭配。有时，乌豇豆饼还可以作招待客人的茶点。

传说，乌豇豆饼还与明代的"吴中四才子"祝允明有关联呢！

有一年夏天，祝允明到丹阳严庄七峰山房拜访孙育，听说他收藏有《淳化阁帖》，很想看看。

结果，祝允明在七峰山房里不仅看了《淳化阁帖》，还仔细阅读了其中的《历代帝王帖》《历代名臣帖》《诸家古帖》，又对东晋《王羲之帖》《王献之帖》做了部分临摹，所以耽搁了几天。祝允明关照孙育，招待的饭菜，不要大鱼大肉，粗茶淡饭就行。

做什么粗茶淡饭最合祝允明的胃口呢？孙育转念一想，现在正值夏季，新上市的乌豇豆又嫩又香，那就做乌豇豆饼来招待客人吧。

祝允明吃了乌豇豆饼，果然对其称赞有加，临走前还关照孙育多做点，给他带在路上吃。祝允明回到苏州老家后，又将乌豇豆饼推荐给苏州糕点师傅，于是就衍生了后来的苏州名点"豇豆糕"。

乌豇豆含有易于消化吸收的优质蛋白质，适量的碳水化合物，以及多种维生素、微量元素，有健脾和胃、利水消肿、防暑降温的功效。

从地里摘几把没有老透的乌豇豆（颜色带点青黄色）洗净，切碎粒，加鸡蛋、面粉、调味料，加水将它们搅拌均匀成糊状。冷锅烧热后，加入少许油（最好用菜籽油），把面糊均匀平铺于锅里（摊饼时要注意控制火候的大小及摊饼的厚薄），待饼面呈金黄色且边缘翘起即可翻面，继续煎烤，适量添加油，烤至面饼上出现小油包即可出锅，切块食用。

荞麦饼

　　荞麦饼是丹阳人爱吃的夏季传统名点。过去，丹阳农户种植荞麦的习惯出于两种原因，一是北部丘陵、山岗地带的农户，历来都附带种些杂粮作物，而荞麦是他们的首选；二是地处平原地带的农户，每年六月份麦子收上来后便开始种黄豆，但七月份常遇有发大水淹了庄稼的情景，七八月份便无粮可种。大水过后，因荞麦生长期短，只要 70 多天就可收获，因此农户会抽这个空隙抢种一季荞麦弥补损失。对此，丹阳人形象地称之为"插角"，有点类似于"配角"的意思。

　　荞麦虽然身处"插角"地位，但是在勤劳智慧的丹阳人手里，荞麦浑身都是宝。

　　首先，荞麦吃法多样，既可做荞麦饼，也可做荞麦团子。吃法不同，做法也就不同。做荞麦饼必须用冷水调成半干半糊状，另加葱、盐，锅内抹油，倒入荞麦糊，摊平，用小火烤熟，香气四溢。现在有的酒家在传统做法基础上加以改进，荞麦饼里包了菜馅，更是香嫩酥口，很受欢迎。还有的饭馆面点师用传统方法制作好荞面团子，然后炒成一道菜供食客享用，口感也特爽。

　　做荞麦团子就要用沸水调和，再揉搓成粗棍状，等锅内水煮沸，用一根棉线，一头咬在嘴里，将棍状荞麦面托在一只手中，另一只手拉着棉线另一头，绕面棍一圈，轻轻一拉，一片荞麦面片便落入锅内。待煮熟后，并非立刻吃，而是冷却备用，一般都在煮粥时放进去，与粥一起吃。

　　其次，荞麦的营养价值远高于细粮，富含维生素，以及丰富的赖氨酸、铁、锰、锌等微量元素，具有很好的营养保健作用，同时还含有烟酸和芦丁。芦丁有降低人体血脂和胆固醇、软化血管、保护视力及预防心脑血管疾病的作用。荞麦中所含丰富的膳食纤维在谷物中也是首屈一指，具有预防直肠癌的功效。

　　自古以来，民间常用荞麦壳做枕头芯，其冬暖夏凉，清爽舒适，软硬适中，通气性好，可随意调整，有助睡眠、清脑、明目作用，对失眠、多梦、头晕、耳鸣等都有缓解作用。

蓬花菜饭

　　丹阳人吃菜饭的习惯最早源于体力劳动者阶层。从前生活苦，常吃稀饭，既不耐饥，干活也没力气，所以人们便想法子将菜和米一起烧煮成咸菜饭，吃起来方便，而且耐饥，干活也有力气。后来，生活条件好了，不需要"瓜菜代"了，但吃菜饭的习惯一直保存下来，只是早已超越了"充饥"的需要，变成调节口味的一种美食享受。烧菜饭一般选用青菜和荠菜。但是，丹阳人最爱吃的菜饭，是在春夏季节用新上市的蓬花菜也就是茼蒿烧的菜饭，因为蓬花菜饭特别香。怎么个香法呢？丹阳人说得很生动："喷香！"

　　最好吃的蓬花菜饭，要用农家灶头铁锅，底下架起柴火烧煮。农家主妇做菜饭的程序一般是这样的：用三分之二的粳米加三分之一的糯米混合，淘洗后置锅内加水烧滚，将切好的蓬花或青菜、荠菜和油、盐一起放入锅内，用锅铲从上至下翻一遍，再添把火烧开，烧至有锅巴香溢出时停火，再焖上半个小时就成了。开锅装饭时，真是满屋饭菜香。菜饭装上碗后，有人还喜欢挖一匙脂油放进去搅拌一下再进口，那就更加喷香、滑糯爽口了，性子急胃口好的人，都不耐烦细嚼慢咽。

　　现在，许多饭店和酒家也在开发菜饭种类，作为特色主食满足顾客口味。其中最受欢迎的是砂锅菜饭，别有一番风味。也有的饭店将菜饭烧成半熟，装入小碗内，再上蒸笼内蒸熟，用小碗装了端给顾客。在春夏季节，饭店烧制菜饭选用的蔬菜，基本都以时令的新鲜蓬花为主菜，一年四季，这个时段的菜饭消耗量也最大，成为丹阳餐饮行业的一道美食风景。

茄饼

　　茄饼是一道时令点心。吃茄饼最盛时节在农历七月份，因为在传统习俗里，七月十四（烧野鬼）、七月十五（祭祖）俗称两个鬼节相连，民间认为这两个节邪气最盛。而"茄"和"邪"在丹阳方言中都读"假"，是谐音，吃茄（假）饼即意味着将邪气吃掉，寓避邪之意。尤其在丹阳东部地区，农历七月十四当天，家家户户制作茄饼，且互相赠送。但这互相赠送并不全是为了品尝茄饼美味，更多的是互相避邪祈福，时间不得超过农历七月十五。当然，在餐饮业中，茄饼早已成为人们常年享用的美味，当食客们把茄饼的祈福辟邪和美味可口两大要素一起打包享用后，获得的身心满足自然是多方面的。

　　茄饼，最早的做法是将切好的茄子（考究一点还去皮）用盐暴腌一下，然后挤去水分再放入盆内，与面粉一起搅拌，用水调和好，不稀不稠，还可以撒点黑芝麻和调料，做成一个个圆团，压扁后放到锅内。锅内可先抹一点油，用温火慢烤，闻到茄香味，再翻身烤另一面。待两面烤熟，金灿灿，油光光，香喷喷，看得人两眼直，唾涎滴。

　　随着餐饮业的发展，茄饼的制作方法也有革新，现在的油炸茄饼已是大小饭馆的一道名点。茄饼最大的特点是外酥内嫩，鲜香可口，入口化渣，适合男女老少，既可下酒，也可下饭，还可作为零食。茄饼主要的原材料就是新鲜初长的茄子和剁好的肉馅。肉馅可以是猪肉、牛肉等，在肉馅里放生粉、盐、姜粒、葱花、料酒，搅和均匀，用手工嵌入切好的生茄片里；另外用面粉加鸡蛋、水调和成糊状，将包有肉馅的茄片放进去滚一滚后，入锅油炸，炸到黄灿灿时出锅，装盆上桌，趁热吃，是一道广受大众青睐的美味佳肴。

白汤面

　　丹阳人喜欢吃的一种白汤面，也称阳春面，虽然不加任何浇头，但因做工考究，色、香、味、形俱佳，别有风味，恰如面条食品中的"小家碧玉"，清新秀丽，齿颊留香，耐人回味。尤其是在天气炎热的夏季，日常饮食宜偏于清淡可口又不失营养价值，白汤面就成为许多面食爱好者们早餐食谱里的首选。

　　白汤面中白汤的熬制最为关键。店家每天清晨第一件事就是要用猪肉大骨头与斩杀洗净的鸡鸭放进大锅里烧煮，先用旺火烧沸，除去浮沫，再取新鲜的小杂鱼，去内脏洗净后，下锅用豆油炒至金黄色，装进一个纱布小袋内，一并投入大锅骨头汤中，放葱、姜、料酒等各种调料，以小火煨至奶白色浓汤。这锅汤便是用来做白汤面的底汤，不但色泽悦目，味道鲜美，而且营养丰富。

　　下白汤面用的是大锅，水多、火旺，面条下锅很快就熟，捞上来质韧不糊，放入用大碗盛装的底汤里，撒上一些葱花，十分润滑爽口，诱人食欲。

秋天的韵味

大闸蟹煲粥

　　丹阳方志中早就有吃螃蟹的记载，还流传着明代人贺鼎在永城破除不敢食螃蟹的习俗，教当地百姓用螃蟹煲粥的故事。

　　贺鼎，出生于丹阳蒋墅。旧时这里塘连沟，沟连墩，沟塘相连，多鱼虾菱蟹等，水产丰富。他在永城县深入民间察访时，看到永城河塘边的"神虫"螃蟹毁坏庄稼，可老百姓不敢随便处置，由此家家闹饥荒。他便命令兵士晚上去田里捉"神虫"，白天请来县城里的厨师，亲自面授螃蟹烹制方法，在县衙大摆"百蟹宴"。

　　贺鼎还请当地的乡绅一起参加"百蟹宴"，城里的百姓挤在周围看稀奇。只见贺鼎高声喊道："上名菜！"厨师端着做好的螃蟹放到桌上，阵阵香味扑鼻而来。贺鼎慢条斯理地品尝起螃蟹来，并随口吟诗道："昔日田里你成灾，今日拿来做好菜。品酒尝蟹两不误，能为民众除大害。"旁边的百姓见父母官津津有味地以蟹佐酒，也斗胆品尝起来。谁知，他们不吃则已，一吃便感到蟹味鲜美无比。

　　贺鼎看到老百姓打消了对食用"神虫"的顾虑，随即将老家丹阳蒋墅烹制螃蟹的几种方法做了介绍。

　　江南独特的地理生态环境给大闸蟹的生长提供了条件。大闸蟹那青背、白肚、黄毛、金爪的外观令人害怕，但那橘红色的蟹黄、白玉似的脂膏、洁白细嫩的蟹肉，让人垂涎万分。俗话说，"秋风起、蟹脚痒""九月圆脐十月尖"。农历九月雌蟹成熟，十月雄蟹成熟，正是吃蟹的好辰光。

　　蟹肉富含蛋白质、维生素 A、钙、磷、铁等，能提高人体免疫力；大米味甘、性平，具有补中益气、健脾养胃的功效。用蟹肉煲粥，不仅保持了蟹肉的鲜嫩，又为平常的白粥增添了让人回味的鲜美滋味。

　　烹制方法：选用大米 150 克、活大闸蟹 2 只。首先，揭去蟹盖，切半，去除腮及内脏；剪下大钳洗净后，加入少许盐和料酒拌匀，腌 10 分钟（也有热锅倒少许油，将洗净的大闸蟹倒入锅里煎熟待用）。其次，砂锅入米加水（米与水的比例约为1∶6），大火烧开后转小火慢煮。煮到米开花后，转中火，加入蟹、姜丝，烧开后陆续放料酒、盐，再煮 20 分钟，粥变稠时，加香菜末搅匀，关火即可食用。

鲜菱蟹粉狮子头

作为淮扬名菜的狮子头，一般分红烧和白煨两种，风味各异。丹阳人在制作白煨狮子头上面可谓精工细作，鲜菱蟹粉狮子头是其中的代表。

本来，狮子头的做法是将新鲜的猪肉剁成肉泥，伴以葱、姜、盐、糖、料酒等做成肉丸子，或油煎后红烧，或直接放汤汁里白煨，都十分鲜美可口，是淮扬菜里数一数二的一道下饭菜。可丹阳人还不满足，还要想方设法弄出更多的"鲜头"来，于是就有人从螃蟹身上剔出蟹黄和蟹肉，做出蟹粉狮子头，味道果然不一般。

再后来，又有人到了每年的八九月份红菱长成的时节，从荷塘里捞起那些嫩红菱，剥掉皮，切碎肉，就做出了更加有名的鲜菱蟹粉狮子头。由于增加了鲜菱的鲜嫩香脆，这道菜口感更加丰富，香气四溢，鲜嫩无比。

早在 20 世纪 80 年代，在外交部的调派下，丹阳的一批名厨师便已将鲜菱蟹粉狮子头带出国门，走向海外，它也成为招待中外宾客的名贵菜品。

蟹黄烧卖

烧卖，也有人写成"烧麦"，是一种点心类食品。其做法是：将糯米粉或面粉和成团，搓揉结实，擀成小圆皮，再加淀粉槌打出裙边，包入菜馅收口，但不封口，即成生坯，放入蒸笼蒸熟，就成了烧卖。若菜馅中再放一点蟹黄、蟹肉，那可就成了上乘的美味佳肴了，人称"蟹黄烧卖"。

"蟹黄烧卖"是名副其实的美食，深受食客们的喜爱。这道美食丹阳城乡自古就有，尤以访仙镇最为出名。每当秋风送爽之际，正是稻熟蟹肥之时，鲜美肥嫩的河蟹大量上市，人们见之垂涎三尺，食之不忍释"口"。也在这时期，访仙镇的"蟹黄烧卖"就会热销于市。

论访仙烧卖，当以老街内的东街饭店的最为有名，这里是访仙镇著名的早点供应处，从前只有访仙古镇的乡绅才能吃得起这里的上等早餐：鳝丝大汤加两只蟹黄烧卖。这早餐被人誉为"贵族吃货"，那气派、那滋味，绝对爽！

做蟹黄烧卖最有名的是袁锁青师傅，在访仙可谓大名鼎鼎。20世纪90年代，袁师傅在恒升饭店掌锅，他做的烧卖被赞誉为"沪宁线一绝"，每天都被政府有关部门、企业等订购去送给外地友人和客户。

袁师傅不但对馅料的选购极其考究，还亲自手工擀制皮子，要薄而不破，半透明，有韧劲，加上足足的馅料，蟹黄烧卖看起来吹弹即破，拎起来晃晃悠悠。成品蟹黄烧卖如同一盏盏小灯笼一样可爱，口味真是地道纯正。

品尝蟹黄烧卖最佳的方式是现做、现蒸、现吃。一开蒸笼香味扑鼻，不同凡响。吃的时候必须蘸一点恒升坊的手工纯酿香醋，咬上一口，蟹肉蟹黄清晰可见，满嘴的蟹油，配上骨汤的鲜香，满足感瞬间爆棚，绝对会征服你的味蕾！

鲜菱炖豆腐

　　丹阳是江南水乡，水库、沟、塘、水渠处处可见，盛产鱼、虾、菱、藕。丹阳产的菱角是红菱，外观鲜红，皮薄肉嫩，嫩菱生吃当水果，老菱则煮着吃。

　　立秋前后，丹阳红菱开始上市，种植户扛一只大木盆，放入菱塘内，人坐在木盆的一端，盆沿接近水面，盆的另一端高高地翘着，采菱人将菱蓬一片片翻开，将可以采摘的鲜菱摘入盆内。木盆前行只要手掌轻轻拨划水面，个把小时便能采到一大木盆红菱。

　　丹阳红菱，要数练湖的最为鲜美。练湖面积大，水活，水生动植物也多，所以菱蓬的大叶厚实，红菱块头也大，颜色最为鲜艳。

　　菱角营养丰富，容易消化吸收。食菱角能消暑解热、除烦止渴、益气健脾、祛疾强身，所以菱角是秋季进补的佳品。

　　红菱的食用方法有很多，生食以皮脆肉嫩的嫩菱为好，但嫩菱也可以炒着吃；熟食以肉质洁白的老菱为佳，采用煮、炖、烧、煨等都可，如菱肉炖排骨、鲜菱炒肉片、菱肉煨鸡等，均为风味独特的好菜肴。将菱角和瘦肉或牛肉共煮，不但味道鲜美，而且对神经痛、头痛、关节痛和腰腿痛等病症也有很好的缓解作用。

　　最有名的做法还是红菱炖豆腐。在这季节里，家庭主妇都会买一两斤剥好的鲜菱，再买几块嫩豆腐，将豆腐切成块，放在锅内煮一煮，去掉豆腥味，然后将鲜菱、油、盐、葱、姜一起置砂锅内，用小火炖煨。这时段，丹阳的大小饭店也都供应这道菜肴，可谓价廉物美的时令鲜货。

几叉饼

从前，在丹阳东南乡的皇塘、蒋墅、吕城、导墅一带，每到中秋，家家户户都会做两种很有特色的饼，一种叫烤饼，就是大名鼎鼎的吕蒙烤饼；还有一种叫几叉饼。这几叉饼是地道的皇塘、蒋墅方言，外乡知道的人可能不多，但在当地，它的名气并不亚于吕蒙烤饼。

几叉饼，就是一种包了馅料的米粉煎饼。但当地人为什么不称它煎饼，而称它几叉饼呢？其中的奥妙就在"几叉"两个字里。我们先来看看这款米粉煎饼主要的几个制作环节：

1. 选用上等糯米，先淘洗，晒干后再碾磨成粉。

2. 将糯米粉掺适量的冷水反复用力打揉（相当于面点师和面），然后放入开水锅里煮熟，或装进蒸笼里蒸熟，取出待稍凉后，进行第二次的反复打揉，直到米团柔软，再分成大小一致的小团。

3. 从地里采摘来刚刚长成的新鲜小青菜，洗净焯水后剁碎稍稍沥干。

4. 取新鲜的猪油渣剁碎后与菜末混合，加佐料搅拌均匀（此时的小青菜材质细嫩，水分充足，清香可人，与猪油渣特有的脂香融于一体，透着诱人的香味）。

5. 将馅料包进一个个米团里，捏成圆饼放进平底锅里两面油煎，当饼子内部温度升高，富含水分的馅料受热后微微膨胀时，便可出锅享用。

咬一口，香气扑鼻；嚼两下，满口生香。几叉饼外脆里嫩，糯劲十足，糯香浓郁，口感别提多棒了！

看完这些制作环节，我们自然就明白为什么叫几叉饼了。几，几次三番的几，代表数量上多的意思，特指对米粉团在"生"和"熟"两种状态下的多次反复打揉；"叉"在汉语里有几种字义，这里指交错、掺和、叠加，主要还是针对那多次反复打揉米粉的制作工艺而言的，可以当动词用。当然，这里边也包含了馅料与米团的鲜香美味交融混合的意思，是对"工艺效果"的反映。从这个名字里，我们看到了这款看似普通的米粉煎饼做工的繁复、细腻和讲究，以及家庭主妇们的心灵手巧，精益求精。

几叉饼分咸的和甜的两种。甜几叉饼用芝麻做馅，不过现在吃的人不是很多。

目前，丹阳城里的饭店只有全聚福的大厨师能做出传统几叉饼的风味来，十分稀缺。

番瓜饼

南瓜在丹阳有几种称呼，常用名叫番瓜。因其体量大，力气小的人一只手难以拎起来它，须在田里翻滚搬移，故又称"翻瓜"。还因为它成熟后色泽金黄，且有药用价值，便有"金瓜"的美称。番瓜生命力强，田头地角、房前屋后都可种植，也不用施肥、除草、治虫害，任其自由生长、开花、结果，立秋后即开始成熟。番瓜营养丰富，对肠胃和血管也都有很好的保护作用。现代人很讲究养生，尤其是秋季养生，多吃番瓜有强身健体、美容瘦身的功效。

丹阳的气候和土壤条件非常适合番瓜生长，尤其是中东部地区，一些沙壤土里生长的番瓜特别香甜粉糯。老百姓做番瓜的方法也是多种多样：嫩番瓜藤去皮后可以做各种风味的炒菜，如肉末番瓜藤、辣椒炒番瓜藤、蒜蓉番瓜藤、素炒番瓜藤等；嫩番瓜可以切块清炒或切丝暴腌清炒当菜吃（喜欢吃辣的放点辣椒，味道更好）；稍老一点的番瓜可以烧咸粥、糯米甜粥、大麦粥；老番瓜可以刨丝做油炸花饼，味道鲜美；工艺较复杂、风味较独特的做法是将番瓜去皮，加少许面粉或糯米粉，配以白芝麻和豆沙做成番瓜饼。

番瓜饼制作程序大致如下：先将番瓜洗净，去皮去瓤，切薄片，蒸熟。再将番瓜趁热用勺子捣成番瓜泥，加入糯米粉（糯米粉的量以面团不粘手为宜，不必另外加水）和一小勺食用油揉搓成团，盖上保鲜膜放置一旁醒发片刻。然后取鸡蛋大小的面团，包入适量豆沙馅，收口捏紧，轻轻搓圆，做成小圆饼，两面沾裹白芝麻。最后，将平底锅中倒少许油烧热，放入番瓜饼，小火煎至两面金黄即可。

清蒸鳊鱼

金秋鳊鱼，肥美如脂。

鳊鱼，学名鲂鱼，身体扁平，头小颈短，脊背隆起，腹部宽阔，鳞细，色青白，腹内有脂肪，味道鲜美。民谣有"伊洛鲤鲂，美如牛羊"之说。

鳊鱼在20世纪70年代开始在丹阳进行人工放养，繁殖优良，成长快速，春天放鱼苗入塘，稻谷上场后就可收获，一般长到一斤重左右。

金秋时节，鳊鱼上市。此时的鳊鱼肉质最细嫩，口味最肥美，尤其是腹下一块肉，肥腴可口，红烧或清蒸均可，清蒸更常见。红烧鳊鱼，需加入陈酒、香醋、红糖、酱油，均为红色，既调味，又着色。做法是：先将鳊鱼放入油锅两面煎黄，再放入酱油、陈酒、红糖、姜葱等，温火焖煮即可食用。

在丹阳老百姓的传统习俗里，过年过节，家家户户都烧一盘红烧鳊鱼，寓意"红红火火、吉庆有余、兴隆发达"。丹阳西门的丁巷，早先是个渔村，村民们过年过节也多以鳊鱼馈赠亲朋好友。清蒸鳊鱼则另有风味，将整条鳊鱼入盆，放入细盐、姜、葱等调料抹匀，隔水蒸熟，即可供宾客品尝。由于烹制方法简单易行，味道鲜美，清蒸鳊鱼深受大众青睐。

中医认为，鳊鱼能调胃气，滋利五脏。做鲙食，助脾气，使人食欲增强；做成汤，能补胃，功用与鲫鱼相同。

冬天的温度

埤城羊肉

冬天吃羊肉也是丹阳人的特殊爱好之一。老字号的羊肉品牌，非埤城羊肉莫属。

地处丹阳埤城、胡桥、建山丘陵山区一带的农户，家家都有饲养山羊的习惯，少的数只，多的数十只，饲养量和供应量很大。

每到冬天，丹阳人都十分喜爱吃羊肉。羊肉营养丰富，美味可口，对冬季防寒暖胃、健脾强体、美容养颜都有一定的功效，尤其是对畏寒的老胃病患者，有显著的疗效。女士常食，可使肌肤更加娇嫩，光彩照人。埤城东乡羊肉，更具有肉质酥烂、肥而不腻、瘦而不燥、汁香味鲜的特点。

埤城羊肉当今传承人为韩金梁。其曾祖父韩士修创研了烹制羊肉的工艺，在清末即名声大噪，继而其祖父韩升平严格按传统工艺烹制，其父韩生根又不断研究探索，特别是在佐料配制上下功夫，经几十年锤炼将埤城羊肉打造成独具特色的美味佳肴、冬令滋补上品。由于工艺严格，韩家老字号历经百余年不衰。

埤城羊肉制作工艺十分讲究，选料严格，佐料齐全，火候得当。以红烧羊肉为例，要选十斤膘肥肉嫩的山羊，煮烂后拆骨冷冻，俗称干板，再切成块状下锅，倒入羊汤羊糕，放入香葱、生姜，猛火烧滚后放盐再烧，待皮回软，再放入陈酒、酱油，温火烧半小时，至此，取荤油、冰糖各一斤，分成三份，分三次下锅，每次要间隔半小时，起锅前放入切成寸长的青蒜，搅拌后焖几分钟起锅食用。

传统意义上的埤城羊肉是红烧羊肉，其肉质细嫩，肥而不腻，可以养胃补虚。埤城羊肉主料选用的是当年的本地山羊，这些山羊是吃田边、堤岸、山丘上的青草长大的，所以埤城羊肉堪称"绿色食品"。

2016 年，埤城羊肉以"东乡羊肉制作技艺"入选镇江市非物质文化遗产名录。

青菜烧羊肉

　　中国人吃羊肉的历史源远流长，早在 5000 多年前，羊就进入中国，成为六畜之一。

　　丹阳民谚说："冬至吃羊肉，暖和一冬天。"

　　丹北镇（埤城、后巷）俗称镇江"东乡"。这里的"东乡羊肉"闻名遐迩，自不待言，而另一款东乡时令菜——"青菜烧羊肉"，也毫不逊色。

　　单一的肉食吃多了容易油腻，如何让食客们在寒冷的冬天既品尝羊肉的丰腴肥美，又兼顾爽口开胃、营养全面呢？东乡的厨师们制作了一款"青菜烧羊肉"，即在羊肉里加入清淡爽口的青菜，就很好地解决了这一问题。一般情况下，羊肉属于温热的食物，吃多了容易导致上火。配合青菜等凉性蔬菜一起食用，既能发挥羊肉的滋补作用，还能祛除人体内的燥热。

　　有句俗语叫"霜打青菜味道好"，被霜打过的青菜，不但鲜嫩可口，吃起来还带点甜甜的味道。青菜里含有淀粉，淀粉不仅不甜，而且不易溶于水。但是经霜后的青菜为了抵抗寒冷，会将淀粉类的物质转化成糖类，所以特别好吃。青菜含有丰富的膳食纤维，多吃青菜可以促进肠道蠕动，预防便秘。

　　羊肉和青菜一起烧，食材非常简单，味道却很美。其工序是：将青菜洗净切段，羊肉糕切块；起锅热油爆香葱姜，煸炒青菜片刻；放羊肉糕和半碗水焖煮 3 分钟；放盐和鸡精调味即可。

　　热气腾腾的青菜烧羊肉上桌后，色香味极其诱人。青菜裹着羊肉那无与伦比的滋味，让食客食指大动。

羊肉烂糊面

　　羊肉烂糊面是延陵的特产。埤城地处丹阳东部，延陵在丹阳西南乡，两地的羊肉都远近闻名。

　　延陵羊肉分"红烧"和"白汤"两种，尤以"白汤羊肉"见长。其取材于本地农家饲养了一年到一年半的小山羊，熬制出的白汤羊肉，肉质细嫩，汤汁鲜美，更能体现羊肉的原汁原味，极受大众喜爱。每到秋冬羊肉上市季节，但见街巷里弄、村头路旁，羊肉店面众多，旗幡招展，灯牌高悬，人头攒动，彻夜不歇，那情景好似"冬天里的一把火"。

　　然而，喜好羊肉的食客都知道，最后满足胃口的，非一碗羊肉烂糊面莫属。假如没有它垫底，兴致便提不到最高点，"收官"也收得不圆满。

　　烧羊肉烂糊面有几个关键环节要把控好：第一，小山羊的品质要好；第二，羊汤要煨得有质量，汤汁浓度要到位；第三，生水面要用纯羊汤煮烂煮透；第四，要用大铁锅架起柴火烧煮……总之，自始至终都得合乎"原生态"的要求，这样才能让食客吃出独特的延陵风味，并且百吃不厌。

二婆梅公蛋

丹阳西南乡的延陵、九里一带湖塘众多，良田万顷，民风淳朴，稻米丰腴，鸡鸭成群，也盛产各种好吃的农家菜。其中，二婆梅公蛋（又称梅公蛋烧肉）就闻名遐迩，曾经在"美丽镇江乡村游最好吃的农家菜"评选中获得金奖。

公认的说法，这道菜烧得最好吃的是一位小名叫二婆的女厨师。二婆的父亲是当地有名的厨师，开了40年的吃食店。她从小心灵手巧，又肯吃苦，继承了父亲的手艺，做得一手好吃的农家菜，在丹阳西部地区家喻户晓。

梅公蛋烧肉是她家祖传的一道菜，也是从前乡下人过大年、招待亲朋好友必吃的一道大菜。受这一传统习俗的影响，这道菜在秋冬季节也最受食客青睐。如今，这道菜又在乡村游美食体验中扮演着重要角色。

二婆梅公蛋的烹制过程很精细，每个煮熟的鸡蛋剥去蛋壳后，要用刀在蛋白上划六条口子，用力要均匀，口子要不深不浅，不能划到蛋黄，以免蛋黄外露，烧烂了不美观。梅公蛋要烧得好吃，必须有三个基本条件：一是用农家草鸡蛋；二是用农家饲养的土猪；三是用农家菜的烧法。这三样条件听上去很"土"，但也正是它的价值所在，只有三样"土"条件具备了，烧出来的梅公蛋才特别醇香入味，才能让食客吃到与城里不一样的乡下味道。

恒升百花红醉蟹

访仙古镇有一道鲜为人知的美味，名为"恒升百花红醉蟹"。由于用料讲究，做工精细，加之有较强的季节性，常人难以尝到，故而知之者甚少，而且价格不菲。

中国已有数千年的吃蟹历史，《周礼》中就出现过"好羞"（指螃蟹）一词，吃蟹早已是中国饮食文化的特色之一。林语堂在 1935 年出版的《吾国吾民》中说："但凡世上所有能吃的东西我们都吃。出于喜好，我们吃螃蟹；如若必要，我们也吃草根。"他把螃蟹列为国人最偏好的代表性食物。梁实秋《雅舍谈吃·蟹》也说："蟹是美味，人人喜爱，无间南北，不分雅俗。"近二三十年来，对大闸蟹的食尚更盛，这种横行的甲壳类生物也被誉为奇货，实为当代一景。

人们经过长期的观察，发现在中国有三个地区生长的河蟹品质最好：地处苏皖两省交界区的古丹阳大泽河蟹——花津蟹；河北白洋淀河蟹——胜芳蟹；江苏阳澄湖河蟹——大闸蟹。

大闸蟹一名来自捕捉方式。包笑天《大闸蟹史考》说："凡捕蟹者，他们在港湾间，必设一闸，以竹编成。夜来隔闸，置一灯火，蟹见火光，即爬上竹闸，即在闸上一一捕之，甚为便捷，这便是闸蟹之名所由来了。"竹闸就是竹簖，簖上捕捉到的蟹被称为闸蟹，个头大的就称为大闸蟹。

汉语中惯于将"第一个吃螃蟹"的人比喻为有勇气尝试新事物的人。鲁迅先生曾说:"第一食蟹者为天下勇敢之最,传说为巴解也。"

据传,大禹治水时期,有个叫巴解的督工率领一批民工在湖边治水,工棚口的火堆引来黑压压一片"夹人虫",上岸行凶咬人,在稻田咬断稻根,偷吃谷粒。晚上,巴解率众人在工棚边开沟筑壕,灌进沸水,升起火把,"夹人虫"席卷而来,纷纷跌入壕沟中死去。被烫死的"夹人虫"浑身通红,发出一股令人开胃的鲜香美味。巴解闻到香味,大着胆子第一个品尝了"夹人虫"。从此,蟹就成为人们餐桌上的美味佳肴。人们为了感激敢为人先的巴解,把巴解的"解"字下面加了个"虫"字,称"夹人虫"为"蟹"也表达了对先民大智大勇之创世精神的敬仰。

中华民族开创了无数食蟹的办法,其中醉蟹就是江南地区有名的美味佳肴。史料记载,在明朝就已经开始食用醉蟹,距今已经有600多年的历史了。

恒升百花红醉蟹为熟醉蟹,因制作中需用恒升百花酒,且成品色泽红里透黑而得名。

恒升百花酒就是恒升黄酒。百花酒是清代中晚期丹阳黄酒的雅称。恒升坊的酿酒历史,从1872年增设糟坊做黄酒,一直到1962年酿酒设备并入丹阳酿酒厂为止,酿酒年份达90年,这样大致可推得"恒升百花红醉蟹"这道菜问世已至少60年,上限可达150年了。

这道菜的具体做法有点复杂,是以大闸蟹为原料,以10年陈酿恒升百花酒、恒升香醋、生抽、姜片、陈皮、香叶、八角等配制醉卤,经选蟹、清洗、蒸熟、制卤、浸泡、酸制等工序精制而成,故名恒升百花红醉蟹。其肉质细嫩,芳香无腥,蟹味鲜美,酒香浓郁,香中带甜,咸鲜适中,营养丰富。食者一尝,终生难忘。

红烧青鱼尾

丹阳河塘湖泊众多，先民久有"养鱼"习俗。所养之鱼，以青鱼、草鱼、鲢鱼为主，统称"家鱼"，一般一年捕捞一次。每年腊月初十左右，养鱼户围网捕鱼，少部分赠送村人或亲友，多余的鱼送到市场出售。

青鱼喜食小鱼小虾，个大力沉，肉质细腻，是"家鱼"中的上品。青鱼尾巴形似草鱼，南方人在农历腊月，以盐腌制，称之"腊鱼"，可长期放置不坏。俗话说，"腊鱼腊肉，吃到芒种"。大的青鱼可以长到十斤，但五斤以上的青鱼就可以制作一道叫作"青鱼尾巴"的菜肴，一般采用红烧的办法，很受欢迎。"青鱼尾巴"从腌制到烹烧有独特的技术要求，手艺好的厨师烧出来的"青鱼尾巴"是筵席上的一道名菜。

"青鱼尾巴"最大的特色是，尾巴上段鱼肉鲜嫩，鱼尾肥滑，尾骨一节一节分离。尾脂为透明奶白色，与尾骨相联，似雄蟹中的蟹脂，肥而不腻，别有风味。吃青鱼尾巴，不能用牙齿嚼，只能放进嘴里吸吮，然后吐出尾骨。

当然，青鱼越大越好，个头越大，尾巴的凝脂越浓厚，能与燕窝、鱼翅相媲美，有"尾脂髓脂赛燕窝"的美誉。

白煨鲢子头

丹阳百姓俗将鲢子分为白鲢、花鲢两种。色白、鱼头小而形体扁、有细小鱼鳞和肥大肚腹的，称"白鲢"；体黑头大者，世称"黑鲢"，丹阳人俗称花鲢，也称"大头鱼"。花鲢的头味美，白鲢的肚最佳。

鲢子头也是丹阳的一道名菜。鲢鱼大的有十斤，主要产于胡桥泰山水库和司徒吴塘水库。烧鲢子头选五斤左右的黑鲢最为合适。将其洗净，切去身体及以下部分，留头去鳃，放进砂锅，加水，投入佐料，温火煮煨。火候成熟的鲢子头汤，色奶白，头骨分离，头里面的脑髓及脂膏等相当丰富，汤味奇鲜，髓、脂等物柔嫩细滑，鲜美宜人，蛋白质、脂肪等营养物质众多，对体弱消瘦的人大有裨益。一般饭店里烧家常菜，没有不烧鲢子头的。做的时候，习惯上还放进几块豆腐一起煨汤，风味更佳，营养更全面。

鸭青烧

隆冬季节，丹阳西南乡有一道鸭肉烧青菜的地方特色菜，很受食客欢迎，问世大半个世纪以来经久不衰。

这道菜简称"鸭青烧"。由于丹阳方言"鸭"念"阿"音，鸭青烧便念成了"阿庆嫂"，读起来倒也朗朗上口，很好记。又听这一带的老人们说，这鸭青烧的来由很不一般，与抗战时期在茅山地区打游击的粟裕将军有很深的渊源呢！这究竟是怎么一回事呢？

话说丹阳南门外10里地有一处称作岗头背的小山丘，岗头背下有一方小水塘，水塘边早前有座尼姑庵，取名黄庄庵。庵里住着一个修行的尼姑，法号翠莲。这尼姑一年四季都在水塘里放养些鸭子，等这些鸭子长大了，便送出去接济周围村子里的穷苦人，年年如此。

有一年初冬的夜里，翠莲被一阵敲门声惊醒。她很纳闷，平时庵里从没人进来，这么晚了谁来敲门呢？她小心地打开门，借着依稀的月光，看见门外站着一个年轻的兵，腰挎盒子枪，背上还驮着一个伤病员。当兵的告诉翠莲，他们是新四军战士，受到鬼子追击，想在庵里躲几天，希望能得到她的照顾，过几天就走，还特意嘱咐她不要跟任何人提起。

翠莲听罢，二话没说，就把两人安顿下来。第二天一早，翠莲就唤醒那个当兵的，吩咐他到水塘边悄悄捉了一只鸭子杀了，煨一砂锅鸭汤给伤病员补充营养。中午吃饭的时候，翠莲见病人因为鸭汤太油腻难下口，灵机一动，就抓了一大把青菜放进砂锅，将鸭汤重新回炉，很快就烧好端了上来。这一下，青菜的菜叶既消解了鸭汤的油腻，又吸收了鸭肉的鲜香，十分美味可口，病人果然多吃了些。就这样一连几天，翠莲每天都烧一砂锅鸭肉青菜给他们补养身体。几天以后，两个兵就辞别了好心的翠莲走了。

一晃十几年过去了，谁也不知道尼姑庵里发生过的事。直到新中国成立后，又隔了好几年，岗头背旁边的安息村里突然开来一辆军用吉普车，车上下来几个军人，自我介绍说是开国大将粟裕的部下。他们一下车就到处打听黄庄庵在哪里。村里人告诉他们，新中国成立后，年事已高的翠莲就离开了黄庄庵，不久又还了俗，再以后就不知去向了。破旧的尼姑庵也因年久失修坍塌成一堆废墟。听到这些情况，那几个军人就走了，走的时候跟村里人说，1938年，粟裕行军打仗受了伤，曾经避走在黄庄庵里养过几天伤病，受到翠莲尼姑的悉心照料，翠莲每天都炖一锅鸭肉青菜给粟裕补养身体。他们奉命来找翠莲是想要报答她的，可是人不在了。

这下当地人才知道黄庄庵里的翠莲尼姑用鸭肉烧青菜为粟裕补养身体的故事。从此，鸭青烧就在当地流传开了，再经过厨师的精心烹制和长期推广，慢慢地就成了一道地方特色名菜。

丹阳人最爱的冬令蔬菜

芹菜

江南水乡，尽管寒冬腊月，大地萧条，但放眼地里的芹菜、青菜及村旁地里的菠菜，仍然青碧相间，富有生机。

丹阳导墅、皇塘两镇的农户，有种植芹菜的历史，每年农历腊月，就到了芹菜的收获季节，除供应丹阳外，还远销常州、上海等地农贸市场。

芹菜，《诗经·小雅》载："沸槛泉，言采其芹。"可见芹菜在我国种植的历史之久远。丹阳人吃芹菜的方法很多，诸如素炒芹菜，凉拌芹菜，肉丝、百叶炒芹菜，等等。

丹阳城乡居民，春节前家家都制作一种"和菜"，也称"素什锦"，以备春节期间食用。和菜不掺荤，以芹菜为主，配上多种蔬果，如百叶、萝卜丝、黄豆芽、金针菇、黑木耳等，色香味俱佳，营养丰富，备受城乡居民喜爱。

丹阳有这样一个民俗：出嫁的女儿怀孕待产前，娘家要为女儿送"催生饼"及"催生菜"。催生菜就是在春节期间家家都备的和菜，再加上芝麻、枣子、莲子等物，以兆吉祥。因此，催生菜又名"催子菜""喜菜"。

芹菜有止血养精、保养血脉、强身补气的功效。唐朝诗人杜甫多次咏诗赞美芹菜："饭煮青泥坊底芹""香芹碧涧羹"。吃食芹菜，能使人食欲增强，身体健壮。

青菜

青菜是日常饮食中人们食用量非常大的蔬菜。青菜，分小青菜和大青菜。丹阳人夏天吃小青菜（也称鸡毛菜），冬天则吃大青菜。冬天，打过霜后，大青菜糖分增加，味道鲜甜，任何蔬菜都无法与之匹敌。丹阳人常做的有"青菜烧豆腐""青菜蒸斩肉""青菜烧老鸭"等，以及用青菜做"馄饨""圆子""春卷"的馅。腊八粥内，必有青菜相配。

青菜的做法多种多样，有一种做法比较精致，推荐如下：将青菜去边叶，留中间的嫩叶三五瓣，切去根，洗净后滤去余水。油锅烧热后，将青菜投入油锅溜一溜、炸一炸。空锅倒入适量清水，将青菜放入锅中，加点细盐，中火煮滚，略焖即可。此菜青碧可爱，油多不腻，香甜鲜嫩，实为丹阳美味一绝。

菠菜

菠菜，农历秋分前后下种，入冬后食用，直至第二年春天。丹阳各乡镇都有种植，犹以平原地区为多。市民有将菠菜与豆腐同烧，或与鸡蛋配合，做菠菜鸡蛋汤的习惯。

吃食菠菜，利五脏，能去除肠胃酒毒。常吃菠菜，可以护养窍穴，滑爽肠道。

丹阳人喜欢称菠菜为"红嘴绿鹦哥"。关于这一菜名的由来，相传也与乾隆皇帝下江南有关。传说乾隆皇帝在丹阳游览用餐时，厨师上了一道炒菠菜。乾隆吃后，夸赞道："好菜，好菜!"突然想起在皇宫里御厨曾做过一道"烧菠菜"进献上来。菜名怎么取？想了好久没有想出。后见一太监在逗弄挂在画廊上的鹦鹉学语，乾隆皇帝顿时灵感来了：鹦鹉红嘴，菠菜红根；鹦鹉绿羽，菠菜绿叶……想到此，乾隆遂问丹阳知县：这是什么菜？知县答，这是炒菠菜。乾隆一听，哈哈大笑，说："菜名太俗气，朕早就给它起了个好名字，听着，它叫红嘴绿鹦哥。"众官皆呼："皇上圣明!"

萝卜

萝卜，有红、白、青、紫多种颜色。丹阳出产红、白两种颜色的萝卜，以陵口产的萝卜为上上品。萝卜可生吃或熟食，对人体益处极大。

一、红萝卜

红萝卜有大小两种，可以生吃或熟食。熟食红萝卜的菜谱大致有如下几种：

1. 红萝卜洗净，切成块，盐渍后，加入糖醋调料，作为"冷盘"，供人食用；2. 切成块状，以食盐腌制后再日晒，放入密罐，称"萝卜干"，作为小菜食用；3. 切块，入油锅炒，加酱油、水、大蒜，煮熟，称"烧萝卜"；4. 切成细丝，配上百叶，入油锅炒熟，称"萝卜丝炒百叶"；5. 与猪肉同烧，加酱油、大蒜等佐料，称"萝卜烧肉"，这味菜，制作简单，鲜甜可口，民谚有"只吃萝卜不吃肉"之说，为丹阳人饭桌上的家常菜。

二、白萝卜

白萝卜大的长约八寸，有一斤多重，质嫩，水分多，可以生吃；小的圆形，状似红萝卜。白萝卜与豆腐同烧，称"萝卜烧豆腐"，是丹阳地方传统土特菜，已流传千年。烹制羊肉时，放入几块白萝卜，能消除膻味。

常食萝卜有益健康。萝卜，味辛、甜，生吃清凉解渴，利关节，养容颜，出五脏恶气，制面毒，行风气，去热气。《洞微记》记载，西北人以麦食为多，麦食大热，故有人得了"麦毒病"，久治不愈。某日遇一仙人，叫他天天服食萝卜，不久便病愈。萝卜生吃，可消痰止咳，治肺痿吐血。萝卜熟吃，则有消胃肠积滞、散瘀血、解酒毒的功效。萝卜烧猪肉，味极鲜美，营养丰富，无人不爱。

从富饶的地方特产中寻味丹阳

一方水土养育一方人民

一方水土孕育一方物产

正所谓"物华天宝，人杰地灵"

它们是闪耀在丹阳味道经典宝库中一道绚丽多彩的美食风景

肆

丹阳封缸酒

封缸酒是丹阳黄酒中品质最优的一种，是以优质糯米为原料，采用淋饭法工艺精酿而成的。其色、香、味独具一格，是中国甜黄酒的典范。因需长期封缸陈酿而成，故名"封缸酒"。其酒色棕红，琥珀光泽，酒气芳馥，酒味淳厚，鲜甜爽口，有"味轻花上露，色似洞中春"之誉，闻名海内外。丹阳酒厂生产的封缸酒 1971 年被评为"江苏省名酒"，1979 年获评"全国优质酒"，1984 年获国家质量奖银质奖，是丹阳市五大"城市名片"之一。

丹阳黄酒历史悠久，酿造史已有 3000 余年，境内出土的黑衣陶宽把杯、西周青铜凤纹尊、兽面纹尊及青铜方卣等远古酒器证明，早在新石器时代至西周时期，丹阳已有相当发达的酒文化了。云阳酒、曲阿酒、百花酒等是其古代名称。

丹阳酒最早的文字记载见于东晋王嘉的《拾遗记》，其中称："云阳出美酒。"王勃的《吴录》一书也载有"云阳酒美"。由此可知，早在 1700 年前的三国时期，"云阳美酒"已闻名于世。

到南北朝时，"曲阿美酒"已风靡大江南北，连北朝的帝王将军在出征时都点名要喝曲阿酒庆功，这在正史《魏书》《北史》中都有记载。梁武帝萧衍非常爱喝曲阿酒，《舆驾东行记》中记载："南次高骊山（在丹徒西南）。《传》云：'昔有高骊国女来，东海神乘船致酒，礼聘之，女不肯，海神拨船覆酒，流入曲阿，故曲阿酒美也。'"《南史》中还有萧纶进献曲阿酒入皇宫的记载，可知曲阿酒在南朝是贡酒、宫酒。梁元帝对丹阳酒也情有独钟，曾写过"试酌新丰酒，遥劝阳台人"的诗句。新丰是曲阿境内的集镇，历史上盛产美酒，号"新丰酒"。

到了唐代，丹阳酒仍然很盛，段成式的《酉阳杂俎》将曲阿酒列为"天下名肴佳酒"。大诗人李白到丹阳喝过酒后，留下了"南国新丰酒，东山小妓歌""情人道来竟不来，何人共醉新丰酒"等著名诗句。

宋代陆游入蜀前过丹阳，饮玉乳泉，评新丰酒，他曾写过"愁忆新丰酒，寒思季子裘""醇如新丰酒，清若鹤林泉"等诗句。

明清以降，丹阳酒更是大量出现在名人的诗歌杂记中。在清代，丹阳酒又有"百花酒""百花老陈"之称。1910 年，丹阳百花酒在南洋劝业会获头等奖。

俗话说："米是酒中肉，水是酒之血，曲是酒中骨。"酿造丹阳黄酒的米、水、曲自有其独特之处。丹阳本地盛产优质糯米，旧县志中称丹阳产糯有廿三种。人称："酒米出三阳，丹阳尤最良。"丹阳的水也有名气。玉乳泉是古代酿酒的优质水源之一，唐代品泉专家刘伯刍评其为"天下第四泉"。曲阿湖水也是古代丹阳酿酒的重要水源。《太平寰宇记》载："《舆地志》云：'曲阿出名酒，皆云后湖水所酿，故醇冽也。'今按湖水上承丹徒高骊，长山马林溪诸水，色白味甘。"所谓"色白"，即清湛也；"味甘"，有甜味也！这正是酿酒所需的好水源。酒曲是用谷物制成的糖化发酵剂，分为小曲和块曲两种。小曲又称酒药，是南方独特优异的酿酒制剂，主要用作糖化发酵。块曲又称麦曲，是用小麦为原料，培养繁殖糖化菌而制成的糖化剂，它能给丹阳黄酒以独特的风味。

2008 年，丹阳封缸酒传统酿造技艺列入国家级非物质文化遗产名录。

丹阳香醋

丹阳的酒出名，醋也出名，丹阳香醋在 1910 年南洋劝业会曾获头等奖。

每当金秋时节，螃蟹大批上市，丹阳人少不得要品尝为快。食蟹时最不可缺少的调味品，应该就是醋了。一杯封缸酒，一小碟醋，放上一些生姜末，蘸着醋吃蟹肉，那味道可谓鲜美呢！诸如吃水饺、喝羊汤、吃硝肉，都离不开醋，用它拌冷盘、溜素菜、烹鱼肉、炖鸡鸭，可提味增香，去腥解腻，并能开胃口、助消化。在丹阳城乡，无论是饭店还是住家，餐桌上都得放上醋，可谓无"醋"不成席。

从工艺上来讲，醋是由酒进一步发酵而成的，会酿酒就会酿醋，故而醋文化与酒文化同源、同根。出土文物佐证，丹阳酒文化已有 3000 年以上历史，因而醋文化史也有与之相当的长度。

丹阳人将酿制 1 年以上的糯米醋叫作香醋，因为这种醋含有特别的带芳香气味的物质，比普通粮食酿成的醋更香。

细数丹阳近现代酿醋企业，以城区的"福源糟淋坊"与访仙的"恒升坊"最有名。

福源糟淋坊历史悠久。史学家朱沛莲之《镇江醋与曲阿酒》一文称："贤桥附近之福源糟坊，最负盛名，闻系创自明末，已历三百余年矣。"同治七年（1868）福源重组，由城内富商程、董、王、周四家集资，以周家贤桥西北处原作坊为基地，添置设备扩办，更名为"福源糟淋坊"，主要生产优质甜酒"百花酒"，并利用榨酒后的下脚料酒糟制醋，牌号"老寿星"。1870 至 1933 年是福源的旺盛期，年产酒醋 900 多吨，兼并了数家糟坊。1933 年年底，拥有作坊百余间，晒场两大块，专用码头 2 个。1937 年 11 月，日机轰炸丹阳城，福源受重创，光景艰难。抗战胜利后，福源得以重振。1956 年 1 月公私合营，城内各家小糟淋坊并入福源。1958 年丹阳商业局新建丹阳酿酒厂，福源内的酿酒设备和技术工人亦调入丹阳酿酒厂，从此福源变成专门生产酱、醋、酱菜的企业，更名为"福源酱醋厂"，1987 年更名为"丹阳市酱醋厂"。2001 年前后因东门大街拓宽而关闭。

访仙的"恒升坊"也非常有名。创办年份可追溯到嘉庆五年（1800），迄今已有 220 多年历史了。开办初期是经营酱醋酒的坊店。同治十一年（1872），丹阳西门外人士江沛来访仙经营恒升，改革制度，扩大店面，增添品种，开始大量做黄酒与醋，从此成了酱坊、淋坊、糟坊并存的企业。恒升最兴旺时期，年消耗三四百担糯米，酒工 10 多个。酒醋品质优异，风味俱佳，口碑很好。产品主要销扬中、辛丰、黄墟、孟河、镇江、苏北泰兴，以及丹阳城区。

恒升醋的特点是："开瓮无味，食之留酸，两腮聚味助胃消食。"恒升醋一部分还出售给丹阳福源糟淋坊，转而销往全国各地。宣统二年（1910），在南洋劝业会上，恒升醋获头等奖。恒升的酿酒师一向注重质量，精工细酿，蔚然成风。一旦发现酒酸败，决不回缸套酿，而是直接淋成醋出售。

　　1956 年年初，恒升坊与恒源糟坊、泰和酱坊合并，成立了访仙酱醋厂。1962年，酿酒设备及技术骨干并入城内的丹阳酒厂，恒升只保留酱醋的生产。从 1978 年开始，"恒升"又进入新的发展期。2009 年，孙剑林购买了恒升产权，成立"丹阳市恒升酱醋有限公司"，保持传统酿造工艺，拓展市场。

　　2015 年，恒升香醋酿造技艺入选江苏省非物质文化遗产名录。

　　珥陵镇的"丹玉牌"香醋是丹阳醋界的后起之秀，也是采用"固态分层发酵"工艺，品质优良，名声渐隆。

　　2016 年，丹玉香醋酿造技艺入选镇江市非物质文化遗产名录。

陵口萝卜干

　　说到丹阳的陵口萝卜干，得先从陵口萝卜说起。陵口萝卜是陵口的土特产品，经陵口人世代栽种选育，形成了皮薄鲜嫩、脆甜可口的优质产品。陵口萝卜的品种主要是陵口红萝卜和"电灯泡"白萝卜，长期以来有"赛雪梨"的美称。陵口人特别喜爱吃萝卜，农忙时做萝卜丝团子，中秋节包萝卜丝饼，过年蒸萝卜丝包子，日常还喜欢吃萝卜丝油炸花饼。人们戏称萝卜是陵口人的"好朋友"。

　　陵口萝卜与陵口的水土有密切关系，陵口地处长江中下游，地势平坦，土质肥沃，气候湿润。因土壤含沙量高，养分齐全，属夜潮土，尤其适宜萝卜的生长。1941年出版的《江苏省物产概要》一书中记载："陵口一带生产萝卜，其利倍于五谷。"

　　陵口萝卜干更是陵口的一张名片。其传统制作方法包含多道工序，先将萝卜洗净，经过切片、初腌、晾晒、复腌、挑选、调味、包装成品等才算完成。陵口萝卜干用手工切片，大小均匀，每片带有萝卜皮，呈橘瓣形状，用大席铺晒，将萝卜片均匀铺在大席上，直接接收太阳照晒，在太阳的作用下，萝卜会产生特有的香味。

　　陵口萝卜干，条形均匀，色泽金黄一致，细嚼无渣，纤细脆嫩，咸甜适口，馨香诱人，具有生津、提神、消乏的功用，不仅是人们佐餐的小菜，亦可作下酒及茶余饭后的零食。萝卜的营养价值很高，含有大量维生素B和维生素C，能通肠顺气，生津开胃，帮助消化。萝卜干还具有降血脂、降血压、防暑、消油腻、破气、化痰、止咳等功效。

　　近年来，科学家发现萝卜干含胆碱物质，有利于减肥，而且它含有的糖化酶，既能分解食物中的淀粉等成分，促进人体对营养物质的消化吸收，又能把致癌的亚硝胺分解掉。

　　新中国成立前，商贩将陵口产萝卜干贴上"黄金龙"商标销往上海、苏州、无锡等地。现在，丹阳市腌制厂仍在陵口镇原址，厂长黄国平是陵口传统萝卜干腌制工艺的传承人，厂里所产的萝卜干长期畅销国内外。培植优质鲜萝卜对土壤的要求非常严格，即使在陵口，适合优质萝卜生长的地块也属"寸金"之地，产量始终受到限制。因此，真正的陵口萝卜干长期以来都属于紧俏物资。

里庄水芹

我国芹菜栽培已有 2000 多年的历史，在《周礼》和《诗经》中都有关于芹菜的记载，在秦朝时芹菜就已经被广泛食用。

丹阳人常称的芹菜特指水芹菜。丹阳种植芹菜，与汉代的刘贾有渊源。

传说，汉代刘邦在高祖六年（前 201）将他的堂兄刘贾封王，管辖淮东 52 座城邑。刘贾到了丹阳里庄一带，看到这里的越渎河、丁义河、鹤溪河蜿蜒流淌，是个风水宝地，就在此居住。刘贾不仅将居住地作为封国三郡 52 城的首府，而且在此筑土城命名为"荆城"，建了"荆城港"，还利用当地的地理条件栽培水芹，水芹便成了养育民众的"救命菜"。

丹阳大运河畔的里庄，不仅是"十里三丞相，九里六尚书"的宝地，更以出产水芹菜、大糕、米酒闻名，堪称"里庄三绝"。

丹阳还流传有乾隆皇帝喜欢吃"黄巷水芹"的佚闻。

传说，乾隆皇帝下江南，不仅吃到了丹阳的大麦粥，还吃到了里庄黄巷村栽培的水芹菜。乾隆皇帝吃了香郁鲜嫩、口感清脆的水芹菜后，命御厨带回皇宫，在山珍海味吃厌后，用黄巷水芹菜来解油腻。里庄黄巷水芹因作为贡品，且被乾隆皇帝称赞过，百姓将它命名为"乾隆水芹"。因"黄"与"皇"谐音，里庄人聪明地将黄巷村出产的水芹，同时命名为"乾隆水芹""黄巷水芹"，进一步提高了水芹菜的知名度，更提升了水芹菜的品位。

2004 年 8 月 24 日，《扬子晚报》专题登载了介绍"黄巷水芹"的文章。"古荆城"里庄地区的特产"黄巷水芹"，经过多年的改造和传统栽培，已成了里庄百姓发家致富的当家品种。

黄巷水芹口感清脆，含有丰富的维生素，有促进食欲、降低血糖的功效。芹菜叶营养价值高过茎。很多人因为水芹菜叶苦都会去掉，其实水芹菜叶是一种健康的绿叶菜。营养学家曾对水芹菜的茎和叶片进行测试，发现水芹菜叶中胡萝卜素含量是茎的 3 倍，维生素 B 是茎的 17 倍，维生素 C 含量是茎的 13 倍，蛋白质含量是茎的 11 倍，钙的含量则超过茎 2 倍。

在吃法上，可将水芹菜叶洗净剁碎，和肉末按 1：1 的比例做成饺子馅；或者用水芹菜叶炒鸡蛋，和豆腐干凉拌，做蔬菜饼。芹菜叶还可以做汤：将水芹菜叶洗净，锅中倒入清水，放入海米、少量盐，烧沸，加芹菜叶，并用水淀粉勾芡，打蛋花，再放少许香油即可。

丹阳各地有用水芹菜制作"和菜"的习俗。由于水芹菜中通有节，丹阳人取其美好寓意"路路通"。人们在大年三十，要吃由水芹菜制作的"和菜"，并互送水芹菜为祝福之物。

蒋墅茭白

茭白，古时称菰笋，更早的时候称菰米，《周礼·天官·膳夫》将菰米列为"六谷"之一，至今已有3000多年历史。《晋书·文苑》载："张翰，吴郡人……翰因见秋风起，乃思吴中菰菜、莼羹、鲈鱼脍，曰：'人生得贵适志，何能羁宦数千里，以邀名爵乎？'遂命驾而归。"说的是张翰原在朝中做官，想起家乡的土特产，顿时垂涎三尺，寝食难安，干脆辞官不做，回吴中老家享受美食去了。

文中的菰菜即菰笋，也就是今天的茭白。茭白在丹阳俗称茭手、茭卜，河塘、沼泽浅水中都有生长，原本野生，今已大面积种植。丹阳地处江南水乡，得天独厚的水源，近水植物发展迅速，皇塘、蒋墅、导墅一带都广泛种植。种茭白的水田都受到特殊的保护，秋天收获结束后，留下残枝枯叶当肥料，整整养一冬的地力。来年春天，埋在地底下的根又重新发芽、生长。

丹阳出产的茭白，最著名的还要数蒋墅茭白，其质地细嫩，洁白如玉，养分充足，口味鲜美，已行销江苏各地，闻名遐迩。

茭白熟吃，可与红萝卜丝、百叶丝合炒，世称"炒三丝"，此菜色香味俱佳。茭白切成块与猪肉红烧，加糖、盐、酱油作佐料，味道鲜美，人人爱食。茭白烧斩肉，茭白的鲜味烧入斩肉的香味里，十分耐人回味。茭白还可以与豆腐同烧，称"茭白烧豆腐"。茭白鲫鱼汤，也是鲜上加鲜的美味佳肴。

据医书记载，茭白味甘、性冷，食后可去烦热止渴，利大小便，消五脏邪气，治突发心痛；同鲫鱼煮汤食，能开胃口，解酒毒，抑制丹石毒。

丹阳梨膏糖

传说，梨膏糖的来历与唐朝的魏徵有关。魏徵的母亲患咳嗽气喘病多年，魏徵四处求医但无甚效果，心里十分难过。这事让皇帝李世民知道了，随即派御医前往诊治。御医仔细望、闻、问、切后，开了个处方，配有川贝、杏仁、陈皮、半夏等几味中草药。可这位老夫人只喝了一小口药汁，就连声说太苦，任魏徵磨破嘴皮子，她也不肯再吃药。

第二天，老夫人把魏徵叫到面前说，她想吃梨。魏徵立即派人去买梨，削去皮后切成小块，装在果盘中送给母亲吃。可母亲因年事已高，牙齿多已脱落，不便咀嚼，只吃了一小片梨后又不吃了。这又使魏徵犯了难，他想，那就把梨片煎水加糖后让母亲喝煎梨汁吧。老夫人喝了半碗梨汁汤后，果然舐着嘴唇说："好喝！好喝！"魏徵见老夫人喜欢喝煎梨汁汤，心里高兴，可又想，光喝梨汁汤怎能治病？

于是，他想了一个办法，将御医处方煎的一碗药汁倒进煎梨汁汤中一齐煮。为了避免老夫人说苦不肯喝，又特地多加了一些糖，一直熬到半夜三更。魏徵也有些疲惫了，他闭目养神，小睡了片刻。谁知等他睁开眼揭开药罐盖，药汁已因熬得时间过长而成了糖块。魏徵怕糖块口味不好，就先尝了一点，觉得又香又甜。天亮后，他将糖块送到母亲处，请母亲品尝。这糖块酥酥的，又香又甜，清凉润喉，入口即自化，老夫人很喜欢吃。谁知老夫人这样吃了近半个月，胃口竟然大开，不仅食量增加了，而且咳嗽气喘的病也好了。后来，这配方制作的糖取名梨膏糖，流传到民间，也流传到了丹阳，至今已有 1300 多年历史。

丹阳梨膏糖历史悠久，闻名遐迩，它以雪梨或白鸭梨、杏仁、茯苓、薄荷、罗汉果等中草药为主要原料，还添加冰糖、蜂蜜等熬制而成，主治咳嗽哮喘，有平喘祛痰、止咳顺气、健脾补肺的功效。

丹阳的珥陵镇、云阳镇都有不少厂家生产梨膏糖，其中以陆龙牌百草梨膏糖最有名。陆龙 14 岁就跟父亲学习梨膏糖制作技艺，并在实践中不断改进工艺，所做梨膏糖广受欢迎，数十年热销全国各地。目前，该品牌的口碑及制作技艺继续在陆氏家族循序传承。

里庄黄酒

丹阳自古以盛产鲜甜醇香的黄酒而闻名于世。"丹阳黄酒"中的优质品种封缸酒、老陈酒、老酒曾在国内外多次获得金、银奖，被称为黄酒中的骄子，饮誉天下。南北朝时，梁武帝最爱喝的酒便是丹阳老家的曲阿酒。其中，里庄黄酒更是"丹阳黄酒"中的一朵奇葩。

现在，里庄保留着古老完整的万兴昌酿酒作坊。该作坊在清朝末年由赵进昌始创，后传给儿子赵锦堂，赵锦堂又传给儿子赵寿大，现在的掌门人赵新华已经是万兴昌的第四代传人。

相传，里庄是先有酒，后有镇。这是什么原因呢？原来，自古里庄不但家家酿酒，且酿酒专业户数量相当多，于是就有了成立民间酿酒商会的需要，旧称酒行公所，并给会员配发本乡饭店、酒家、酒坊使用的酒筹，鼓励商人在里庄办饭店、客栈、酿酒作坊。当时的酿酒作坊都是前店后坊，这样就逐渐形成了气候。由于里庄黄酒名气大，带动了当地商店、作坊和来往客商大量增加，逐渐就形成了里庄集镇。

那么，里庄黄酒究竟好在哪里呢？

有人说里庄酒好好在水。里庄河道纵横，沟塘遍布，镇西南角有一大塘，原先叫榨塘，水面有900多亩，清澈见底，水草茂盛，与金坛长荡湖相通，里庄人取大塘里的水，用于榨糖、制酒曲、酿酒，大塘故被乡民称为榨塘。

有人说里庄酒好好在米。里庄、珥陵、导墅、皇塘一带，一向出产小红糯米，这种糯稻接收日照时间长，含糖量高，糯米蒸熟后延伸性好，出酒率高，而且完整性好。清《乾隆丹阳县志》载："糯稻，性黏凝，宜酒，为种二十有三，唯邑东南乡近古荆城地，数十里糯米尤佳。"邑东南乡近古荆城地，即为现在的里庄。

有人说里庄酒好好在曲。里庄人擅长造曲，他们用当地产的大麦、小麦为原料，在适当的水分和温度下，培养繁殖糖化菌而制成黄酒糖化剂。在制曲过程中，麦曲内积累的微生物代谢产物，亦给黄酒以独特风味。逢集日，里庄镇上卖酒曲药的特别多，制曲户还打上印记，以示保证质量。

有人说里庄酒好好在工艺。说到工艺，就不得不提万兴昌了。作为古老的酿酒作坊，万兴昌至今保留着传统的手工作坊和酿酒工艺，从而使古老的曲阿酒（也即后来的"丹阳黄酒"）传统韵味和酒质得以传承。那些巨大的料缸、榨酒的石柱、蒸米用的木盆，都是清代万兴昌第一代的酿酒工具，历经100多年，现在仍然由赵进昌的后人们在使用。从选米开始，经过筛米、泡米、搭米、冲洗、蒸饭、淋饭、入缸、加药拌饭、搭窝、扳曲并缸、开耙、养醅、榨酒、淀清、煎酒、入坛封陈等酿造工序，全部采用传统手工工艺，一点都不能含糊。

总而言之一句话：不求量大，但求匠心。

练湖红菱

从前，练湖水面周回八十里，水域辽阔，风景优美，盛产鱼、虾、菱、藕，尤其是出产的红菱（当地也称菱角、鲜菱），红艳鲜嫩，香甜多汁，远近闻名。每到红菱丰收时节，采菱女们划着小舟，一边采菱一边唱着动听的采菱歌，听醉了无数南来北往的文人墨客。唐代著名诗人张籍就有"齐纨未足时人贵，菱歌一曲敌万金"的诗句，赞美练湖菱歌的激越灵动、高亢纯美。

相传练湖采菱女中有个叫红菱的姑娘，貌美如天女下凡，歌也唱得最好听。有一天，东海龙王的小儿子游玩到了练湖，看上了红菱，就派人上门提亲，要娶红菱到东海龙宫去享荣华富贵，红菱却坚决不肯嫁到东海龙宫，去过不自由的生活。龙王的儿子生了气，威胁说："红菱若不从命，我就把练湖湖底凿个洞，让湖水全流进东海去，叫练湖的鱼虾菱藕全干死！"龙王的儿子临走时又说："十天以后，我就过来迎亲。"

红菱一家人都很害怕。红菱整天默默不语，以泪洗面，湖面上再也听不到她优美动听的歌声。转眼间，十天的期限到了，乡邻姐妹们却忽然不见了红菱的踪影，到处寻遍了也找不见。后来，有人说红菱投湖了，也有人说曾在月光下看见红菱的影子坐在菱盘上，还轻声吟唱她喜爱的菱歌。于是很多人又都说她本来就是天女下凡的，现在化作了菱盘仙子，早已与练湖融为一体。

龙王的儿子不知情，十天后装了一船的绫罗绸缎娶亲彩礼兴冲冲地往练湖赶。为了讨好红菱的老爹，还搬了一坛玉皇大帝赏给龙王爷喝的蟠桃长寿酒放在船上一起带过来。可是，船刚到练湖就闻听了红菱投湖的消息。他气得一跺脚，船就剧烈晃动起来，把放在船头的那坛仙酒也打翻了，仙酒全部倒进了练湖，从此以后，练湖的菱角就变得特别红艳鲜嫩，香甜多汁，从那时起当地人就改称"练湖红菱"了。

传说中另一个意外的收获是，玉皇大帝的仙酒倒进练湖后，顺着湖水流进了曲阿河，香飘十里地，附近的老百姓纷纷赶来挑了河水回家封存起来，时间一长，就成了有名的封缸酒。后来，唐代大诗人姚合路过丹阳，品尝了封缸酒的美味，继而又有感于红菱女的奇幻遭遇，就挥笔写下了"味轻花上露，色似洞中泉"的诗句。

练湖莲藕

每到春夏之际，丹阳练湖的荷花，纷纷从荷叶下探出美丽的脑袋，或白、或红、或粉，星星点点撒满水面，在偌大如盆的荷叶衬托下，随风摇曳，张开笑脸，引来无数蜂蝶翩翩起舞。历代文人墨客，无不陶醉于这一片湖光荷色之中。

清人贺理昭在《练湖竹枝词》开篇写道："练湖荷花十里长，练湖五月荷风凉。"

清人储丙南写有《浪淘沙令·咏莲》："荷净碧波中，赤日晴烘。元郎沉醉想芳容。把酒问花花欲语，别样娇红。　　藕节玉玲珑，无种成丛。祥开廊庙兆芙蓉。采罢瑶姬香口报，早卜登庸。"

每到八月中秋，丹阳练湖的莲藕上市，如胳膊般一节一节的莲藕，皮薄肉厚，鲜嫩甜脆。此时的练湖莲藕，成为丹阳人八月十五中秋送包的礼品。莲藕生吃，清香怡人，熟吃更可以让人大饱口福。做法是：选好较粗些的藕，分成几段，切去藕节，将洗净的糯米灌满每节藕中的一个个管状小孔，再用藕节分别封上（这样蒸的时候可保持原汁原味），用牙签固定好藕身，搁蒸笼里蒸熟，趁热切成薄片，撒一层白糖和桂花即可食用。如再配上一碗香甜稠糯的糯米粥，更是风味独特。

莲藕自古以来就是人们钟爱的食品，鲜莲藕中含有高达 20％ 的碳水化合物，以及蛋白质、各种维生素、矿物质等，既可当水果吃，也可烹饪成菜肴吃，还可用白糖腌制成蜜饯，或制成藕粉食用。

家制豆酱

自古以来，丹阳人心灵手巧，家家户户备有坛坛罐罐腌制豆腐酱、萝卜干、洋生姜、咸菜、雪里蕻等各种小菜，取食方便，十分可口，且代代相传，老人们都成了手艺精湛的腌制工艺师。小菜中最有名的是传统的家制豆酱。

家庭制酱，每年均在入梅后开始。酱还分甜酱和咸酱。甜酱用蚕豆或豌豆制作，咸酱用黄豆制作。

制作甜酱一般用蚕豆，但最好是用豌豆。先要将蚕豆洗净，用水发泡并剥壳，数天后再置锅内煮熟并捣烂。制作咸酱须用黄豆，也是先将黄豆淘洗干净，用清水泡发，泡发数天后，黄豆粒粒肿大，再置锅内煮熟。

甜酱和咸酱的制作工艺大致相同，将煮熟的蚕豆、豌豆或黄豆冷却后，和入 1∶1 的面粉或大麦粉（有的人家还用麦麸），制成饼块状，放到锅内煮熟，然后捞出晾干切片，平铺在竹匾上，盖上薄布或棉袄类衣物，让其自然发霉。一个星期左右，酱饼上就会长出厚厚的毛茸茸的霉，有黑色、黄色、蓝色几种颜色，期间一定要掌握好温度，50 度左右最为适宜，温度过热要减少覆盖衣物，温度过低，要加一层衣物，以保证酱饼正常发霉。发霉一个星期左右后，此时，酱面发酵有空洞，就需揭开覆盖衣物，放在太阳下暴晒，直至晒干为止。晒干后，将烧好的盐开水冷却，然后倒入酱缸内。等酱面团全部泡软后，就要不停地搅动。之后将酱缸盖上一层纱布，放在室外日晒夜露一段时间，酱就制作成功了。

从制成的咸酱里撇出的液体就是酱油，一般都要到八月份才能出缸食用。酱油撇出来，可以灌装到瓶里，随吃随取。丹阳最有名的传统家制酱油有松菌酱油和虾子酱油。酱油本就十分鲜美，加上松菌或虾子熬制，更是鲜上加鲜，美上加美。松菌产于松树下，出产稀少且价格昂贵。这种用纯手工工艺制作的酱和酱油，汲取天地精华，原汁原味，鲜美无比，非任何机械化生产的酱和酱油可比拟。

丹阳香茗

丹阳北部广袤的丘陵山坡适宜种植茶叶。历史上，丹阳产的碧螺春、炒青等品种很受茶客的喜爱。茶与丹阳人的渊源一直很深，三国东吴的皇帝孙皓设宫廷宴，丹阳（时为云阳县）延陵人韦昭时任侍中、史官的职务，因不胜酒力，孙皓竟赐"以茶代酒"的待遇，放他一马。孙皓以昏庸暴虐著称，常喝酒杀人，此时却网开一面，足见韦昭在孙皓心中的分量。

唐代，丹阳被朝廷列为"望县"（类似于今天的"百强县"），经济的兴旺促进了茶叶市场走向繁荣，茶馆、茶叶店遍地开花。唐人张又新著《煎茶水记》一书，将丹阳县观音寺水（即玉乳泉水）列为"天下第四泉"。宋代人李仲殊品尝了玉乳泉水煮泡的碧螺春后，写下题《玉乳泉》的诗："玉液煎琼甃，泓澄一脉泉……"更为丹阳的茶文化平添了深厚的底蕴。至明代，丹阳茶市的兴盛，从明代大文人祝允明写下的两句诗"灯影依依店，茶声远远车"里即可见一斑，出行的马车已经走得很远了，回头望去，城里那些遍布各处的茶馆里的灯影还依依可见，茶客们的喧哗声还隐隐传来。

古时，茶文化的世俗色彩在丹阳人民的日常生活里也体现得丰富多彩。那时的婚娶风俗，聘礼多用茶，如女方馈赠男方的礼品，有"进门茶""三朝茶""七朝茶""十四朝茶""满月茶"，以及"节茶""年茶"；端午、中秋节送的礼叫"茶礼"，礼物叫"茶食"；过年招待亲友端上来的叫"蛋茶""枣子茶"；等等。茶，早已超越了"茶叶"的范畴，上升为礼节和规格的象征。

改革开放以来，丹阳的茶叶种植和销售业有了更长足的发展，在"生态、科技、标准、品牌"的发展理念指导下，涌现出一批名牌产品，如吟春碧芽、凤美剑豪、齐梁仙子、龙庆等，以品质优异而享誉全国。

钩沉拾遗

它们曾经是昔日的"明星"

至今也仍然存活在我们的记忆里

它们虽然沉默不语

但似乎又常常提醒我们

不要总是走得太快

好生活、好味道，要慢慢品

伍

塘醴炒索粉

塘醴炒索粉是丹阳传统四大名菜之一,也是其中的极品。

江南河塘湖泊众多,塘醴就生长游弋在近岸浅水地带的水草、瓦砾、石隙里。一般来讲,塘醴身长三寸左右,以小鱼、小虾为食,表面看上去一副傻乎乎很木讷的样子,一旦猎物靠近,反应却异常凶猛,俗称"痴虎呆子"。

这"呆子"两边腮上各长有一小块肉,是其身上精华的精华,厨师将其剔下,"集腋成裘",才能做出一盘塘醴炒索粉。

此菜出自丹阳传统名厨之手,制作过程费力费时又费心,还十分考验厨师的火候功夫,故而十分名贵。刚出锅的塘醴炒索粉,色泽金黄,热而不烫,油而不腻,鲜美可口,一直是招待贵宾宴席上的一道上乘佳肴。

近些年来,由于水质、土壤等各种自然条件的改变,原先大量生长于河塘水沟里的痴虎呆子已很难觅见,因此塘醴炒索粉这道传统名菜也在餐桌上失去了踪影。但我们相信,随着环境治理的成效逐步明显,以及土壤、水质的持续改善,不久的将来,塘醴炒索粉一定会重新"荣归故里",再登高宴雅席。

吕城白鱼

在明清时代，丹阳吕城镇有三件土产进贡朝廷，时称"吕城有三宝，白鱼、糯米、青蒿草"。白鱼，又名时里白、嗷头鲳，产地包括太湖、练湖。白鱼体长而扁，细鳞，白色，以色白而名。黄梅季节，白鱼从太湖逆水而上，鱼群游弋在京杭大运河吕城闸附近，为渔民捕获进献朝廷。因为白鱼系季节性鱼类，所以也称"时里白"，大的有十余斤，进贡朝廷的白鱼都在二三斤重。

明清时白鱼名盛一时，黄梅季节，练湖打捞的白鱼，首先要进献丹阳衙门，给地方官员尝鲜，然后才进入市场，成为丹阳士绅们会餐时的席间佳肴。作为"抢手货"，白鱼总是在鱼巷鱼市被一销而空。

白鱼不仅鳞细，而且刺柔，肉细嫩而鲜，野生。历代厨师烹制白鱼，都以清蒸为主。将洗净的鱼盛入鱼盆，配以丹阳陈酒、少许盐、姜葱，隔水蒸煮，熟即上桌。丹阳清蒸白鱼之所以名传久远，主要借助"贡品""御膳"之名。吕城诗人黄之晋有"风味最怜时里白"的名句。《重修光绪丹阳县志·风土》载："时里白（白鱼），五月间出，味极鲜腴。"

白鱼，既为美味佳肴，亦是御膳，还能治病救人。白鱼可以作为"药膳"，对人体胃、脾、肝有益。中医认为，白鱼味甘、性平，无毒；可开胃下气，助脾，调整五脏；可治肝气不足，补肝明目，助血脉。

曾侨居丹阳张巷东城村的齐明帝萧鸾，因弑君篡位，性多猜疑，迷信鬼神，得了重病，秘不示人，直到病危，才命朝廷出敕文"求白鱼为药"。《资治通鉴·齐纪》载："上性猜多虑，简于出入，又深信巫觋……初有疾，甚秘之，听览不辍。久之，敕台省文簿中求白鱼以为药，外始知之。"可见，白鱼治病，由来已久。

还米狗饼

　　丹阳南门外有一个风俗习惯，每年农历九月廿三，家家做一种糯米粉蒸的饼子，皆用模具脱出来，还特地用手工做成一只狗和狗食盆的形状，然后将饼子、"狗"和"狗食盆"装满一个筛子，"狗"居中央，"狗头"下放一食盆。一切就绪后，将筛子端到打谷场上，主人朝筛子（当作祭品）先磕头，然后放鞭炮。接下来，一群小孩便蜂拥上前，抢摘"狗头"，热闹非凡。这究竟是怎么回事呢？

　　相传清朝嘉庆年间，有三个秀才结伴进京赶考，一路上晓行夜宿，十分辛苦。有一天，三人赶路到了丹阳境内，天色已晚，荒郊野外，见有一个打谷场，正值秋收结束，场上堆着高大的草堆。三个人又累又饿，就决定借这个草堆住一宿。于是，他们将草堆扒开一个洞钻了进去，不一会就都睡着了。

　　不知过了多久，有一户农家养的狗跑到场上，发现草堆里有人，就狂吠起来。秀才没有被惊醒，狗叫声却惊动了农夫。农夫循声来到草堆边，发现有人，以为一定是盗贼，又怕他们万一带了凶器，危及自己性命。于是，这个农夫就唤来几个乡邻，情急之下，决定放火烧草堆。顿时，火光四起，烈焰冲天，不想竟将三人活活烧死在里边。

　　可是，等到大家上前细细查看后才发现，这三人都带着文房四宝，才知道他们原来是进京赶考的秀才，顿觉后悔莫及，深感造孽太深。他们厚葬了三个秀才后，转而迁怒于狗，于是先杀了那条肇事的狗用来超度亡灵，又家家蒸饼子，具酒祭祀，还特地做了一只只米狗，在祭拜后任由小孩将狗头摘走，以此种惩戒方式告慰三个秀才的在天之灵。这一天正是农历九月廿三，从此这一带就流传下来每年九月廿三家家做糯米饼的习俗，这饼子的名字就叫"还米狗饼"。

汤氏桑葚酒

自古以来，丹阳农村的桑蚕业十分发达。

蚕农一年养三季蚕，分为春季、夏秋季和晚秋季。桑树只在每年的五月份结一茬果子，也就是桑葚，当地人称桑果果。桑蚕产量最高、成色最好的地方，要数丹阳西部延陵镇南的望仙桥一带。

相传，当年七仙女看上了家住望仙桥附近董地里（又称东溪里，也就是现在的董永村）老实巴交的农民董永，见他整年衣食简朴、勤苦劳作，于是心生一计，从王母娘娘的蟠桃园里偷偷拿走了一包"仙肥"下了凡，在槐荫树下与董永成亲后，夫妻两人就在望仙桥一带开荒种地，植桑养蚕。因施了天上的仙肥，所以那桑树长得特别茂盛，所结桑葚也是又大又好吃。

离望仙桥一里多路的延陵村有一个汤姓中医世家，与董永沾点亲。每年春天，他都去董永家的桑树地里采摘桑果，回家后，用自家酿的上等米酒，按照特定的配比，泡上几大坛，取名"汤氏桑葚酒"，有补肾健脾、养肝明目、祛病强身、延年益寿的功效，在方圆百十里名气很大。相传，有一年乾隆皇帝下江南，因舟车劳顿，水土不服，出现神倦体乏、耳鸣眼花之症，很是不爽。县太爷见状，就把家中一罐存放多年的汤氏桑葚酒献与了皇上，还禀告皇上说，这是七仙女和董永取自天上的"仙肥"栽种桑树，并用树上结的桑葚泡的酒，是极品，可以祛病强身，延年益寿。乾隆爷一听，满心欢喜，当即命人取来，按量服用，将息几日后，乾隆爷的精气神便恢复如初，继续朝南方巡游去了。

附录

食苑探踪

丹阳传统饮食文化里的节庆习俗

中国的传统节日，形式多样，内容丰富，是中华民族悠久历史文化的重要体现。传统节日形成风俗的过程，也是传统饮食文化长期积淀凝聚的过程。

丹阳发展至今，在流传下来的饮食习俗里，清晰地展现着先民们社会生活的一幅幅精彩画面。佳节良辰，大多始于饮食，终于饮食，最终演化为一种时尚风俗，代代延续，经久不衰。

春节万象

一元复始，万象更新，旧时人们在春节的主要活动是祭祀和守岁等，但正式的过节是从除夕夜吃年夜饭开始的。从正月初一直到十五，人们走亲、串户、访友、吃年饭，不亦乐乎，其热闹程度位列全年所有节日榜首。

1. 年夜饭的"彩头"特别多

年夜饭也称除夕夜饭，即农历十二月三十（小月廿九）的晚饭。意思是这个晚上"月穷岁尽"，人们都要除旧布新。

过去的除夕之夜，在敬祭天地祖先后，全家才能团聚一起和和美美地吃"年夜饭"，又称"团圆饭"，彼此共祝来年的好运，尤其是对父母、长辈的美好祝福与真诚的敬重，体现了我们中国人独有的人伦关怀和家庭情感，是团圆、温馨、欢乐的表现。

传统的年夜饭都是在家里做的，菜肴很丰盛，有鸡、鸭、鱼、肉等，一道"鱼"菜是必上的，大多选用鲤鱼，取意"鲤鱼跳龙门"，"鱼""余"谐音，象征年年有余。

年夜饭中，馄饨也是必吃的。馄饨谐音"混沌"，富有深意。在中国的神话故事中，相传盘古开天辟地时，混沌初分，大地焕然一新。所以，吃馄饨就有耳目一新的美好寓意。也有一种说法是，馄饨的形状像元宝，寓意招财进宝，财源广进。

在家里吃年夜饭包馄饨时，要做到皮薄、馅足，包时不许捏破。下锅后不能煮烂，如不小心把馄饨弄破了，忌讳说"烂"字和"破"字，而只能说"挣了"，意为"增"了，以图个说话的吉利。

包馄饨意味着包住福运，吃馄饨象征生活富裕。人们还会将硬币或者花生米和果仁包在馄饨里，谁吃到这个馄饨，就预示着新的一年谁将交好运。

现在吃年夜饭更时尚了，有的人家喜欢吃火锅。因为无论荤素，各种美味都可以在火锅中吃到。在过年时吃火锅寓意红红火火，也可讨个好彩头。

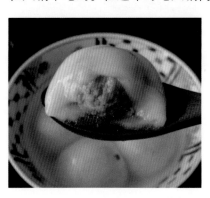

2. 初一必吃红枣汤团

正月初一是农历新年的第一天，所以人们都讲究"好彩头""讨吉利"，在饮食上更是不例外了。

南方的家庭，初一早晨家家户户都吃红枣汤和糯米粉做的汤团。汤团多用青菜做馅，但也不能缺少芝麻粉和糖拌的馅，意为"一年甜到底"和"团团圆圆"。搭配的则是"和菜"。

过去，人们在春节这天的中午和晚上都是食用年夜饭剩下的菜肴，又叫"吃隔年饭"，也代表年年有余。但随着经济收入的提高，人们更加注重卫生营养，大多会吃新鲜菜肴。

从初二开始，人们忙着走亲访友的拜年活动，相互请客吃饭更是应接不暇了。

3. 元宵节"上灯圆子落灯面"

农历正月十五为元宵节，又称"灯节"，在古代称"上元节"，是春节活动的又一个高潮。

过去，这天县城会举行赛灯会，在广大农村，小孩子到了晚上挑灯游行，俗称"行灯"。民间俗语说：正月十三晚试灯，正月十八晚落灯。在丹阳，上灯和落灯需要分别用圆子和面条祭祀祖宗，叫作"上灯圆子落灯面"，至今丹阳各地还在流行。

现在，元宵节那天，丹阳有的人家早餐或晚餐只吃汤圆，有的人家吃汤圆下面条，以示阖家团圆和睦、幸福长久。

立春的荠菜春卷能"聚财"

春卷也称"春饼"，是丹阳民间在立春时节吃的传统美食，也称"咬春"习俗，流行于丹阳各地。

春卷包含着人们对新春的美好祝福，有迎春喜庆之吉兆。春卷配菜的包馅各地不同，古时常用椿树嫩芽为馅，现在用韭菜、韭菜黄为馅，或用荠菜、青菜做馅。用荠菜做馅意为谐音"聚财"。

荠菜的营养价值比较丰富，有一定的养生保健的作用。从中医角度来讲，荠菜可以清热明目、利水消肿、降低血压和血脂，适量地吃一些荠菜可以促进肠道蠕动，从而达到消除宿便、减肥塑身的目的。

有的地方立春时嚼萝卜，因立春时萝卜鲜嫩，汁水甘甜，生吃十分爽口。特别是在春节期间，大家吃了许多油腻的菜肴后，再吃点萝卜可以去油腻。

二月初八的馄饨最消灾

二月初八对于丹阳人来说也是一个重要的节日。传说在这一天吃馄饨，就可以免去一年的灾难和病痛。丹阳民间有谚语："二月初八吃馄饨，终生毛病都不生。"或者说吃馄饨在"二月初八，老（在丹北地区为'痨'）病不发"。这其实是图一个心理安慰，表达对身体健康的美好愿望。

现在高压力的时代，没有病痛困扰就是最大的幸福，所以人们在二月初八都要吃馄饨，用吃馄饨来表达躲避灾祸的愿望。

馄饨包馅传说要用十样菜蔬，这样品种多，营养丰富。也有人为了省事，用韭菜抵算九样菜，再加其他菜，就超过十样菜蔬了。

传说，丹阳二月初八吃馄饨的习俗与纪念神仙"张大帝"有关，因为这一天是张大帝的诞辰日。

二月初八这天，有传统的庙会和老九曲河边的"祠山行宫"祭祀活动。全州张寺的庙会，就是为了纪念张大帝。

传说张大帝与赌官菩萨赌博，张大帝输掉了老婆。赌官菩萨出于情面，允许张大帝娘娘每年农历二月初八去会张大帝。这一天，春风微吹，略有寒意，谓之"迎客风"。夫妻相会，难舍难分，眼泪化作绵绵细雨，谓之"留客雨"。

祠山信仰是江南运河文化的独特民间信仰，人们在二月初八这天包馄饨丢入江中用于纪念马和尚，这个传说在丹阳流传已久。位于今丹阳经济开发区老九曲河滨的祠山行宫，被民间称为"华甸庙"，是镇江地区保存最完好的祠山文化遗迹。每年的二月初八，华甸庙都会举行活动。

清明的青团好新鲜

青团可说是清明节的代名词。

丹阳农村有清明节吃寒食的习惯，保留着做青团子的习俗。做青团采用新鲜蒿子（也就是艾草）嫩叶，有的将蒿子叶捣烂后挤压出汁，有的将蒿子叶和米粉同舂，使蒿子汁与米粉融和成一体，做成团子。蒸熟出笼的青团色泽鲜绿，带有植物清香，可用来馈赠或款待亲友。

青团馅的口味也分甜的（芝麻、豆沙、枣泥等馅料）和咸的（主要是青菜馅）两种。

清明节为什么要吃青团呢？在2000多年前的《周礼·司烜氏》有这样的记载和说法，当时有"仲春以木铎循火，禁于国中"的法规，于是百姓熄炊，"寒食三日"。

在丹阳还有一种传说。有一年清明节，清军攻克常州，在丹北追捕太平军。逃走的英王陈玉成被经山南麓的一位农民藏在村外的瓜棚里。清军没有抓到陈玉成，不肯善罢甘休，于是在村里添兵设岗，每一个出村人都要接受检查，防止他们给陈玉成带吃的东西。那个农民回家后一边思索带什么东西给陈玉成吃，一边在家里打转转，不小心一脚踩在一丛艾草上，滑了一跤，爬起来时只见手上、膝盖上都染上绿莹莹的颜色，他灵机一动，连忙采了些艾草回家洗净煮烂挤汁，揉进糯米粉内，做成一只只青色的米团子，混在一篮子青菜里，骗过村口的哨兵，送到了陈玉成躲藏的瓜棚。陈玉成吃了青团，觉得又香又糯又熬饥。躲了几日后，他趁天黑绕过清兵哨卡安全返回了大本营。后来，为了感念那位农民的相救之恩，陈玉成便下令麾下将士都要学会做青团，以御敌自保。太平军进驻丹阳好多年，清明节吃青团的习俗从此流传开来。

过去人们用青团来扫墓祭祖，现在则多为应季尝鲜，祭祀的功能日益淡化。

端午的粽子花样多，"五黄""五白"提精气

端午节也叫"端阳节"，相传是为纪念屈原的节日。端午节主要有吃粽子、赛龙舟活动，在丹阳人们还有插杨柳、戴香包等习俗，用来驱虫和祈求吉祥平安。

端午节与春节、清明节、中秋节并称为中国四大传统节日。

到了五月初，丹阳每家每户都要浸糯米、洗粽叶、包粽子，其花色品种繁多。俗话说："端午不吃粽，老来无人送终。"

粽子以四角为多，并有小脚形、斧头形、大脚形、枕头形、秤锤形等形状，以小脚形粽较为常见。

过去大多百姓人家只用糯米包粽子，条件好的人家包有赤豆、蚕豆瓣、红枣等，而现在粽子里的包馅有鲜肉、火腿、蛋黄等多种馅料。

丹北地区有小孩子的家庭，在煮粽子时，还要买鸡蛋、鹅蛋放到锅里同时煮，称为"千滚蛋"，味道清香可口。人们认为小孩吃了粽子锅里煮的蛋，到夏天不会疰夏。

端午往往在夏至节气附近，饮食习惯也融进了夏季特色，因此在端午节的正餐，民间普遍要吃"五黄"和"五白"。

五黄：黄鱼、黄瓜、黄鳝、鸭蛋黄、雄黄酒（雄黄酒有毒性，一般都用普通黄酒代替）。

五白：白切肉、白大蒜头、白豆腐、白斩鸡、茭白。

民间传说端午节中午吃"五黄"餐对健康有益。中医认为，农历五月初五是一年中阳气最盛的时候，而中午又是一天中阳气最盛的时候，所以借吃"五黄"以抑制霉运、提升精力。民间有谚语"饮了雄黄酒，百病都远走"。

立夏时节尝三鲜

立夏之日，气候温暖趋热，万物生长迅速，越冬作物也已收获，新鲜果蔬纷纷上市，便有了立夏尝新之举。

立夏尝三鲜又称为"立夏吃三鲜"，三鲜又分为"地三鲜""树三鲜""水三鲜"。

地三鲜也称陆三鲜，即蚕豆、苋菜、黄瓜（一说是蚕豆、苋菜、蒜苗）。丹阳各地域人们也都有自己喜欢的三鲜，但不能缺少前面的两种。吃这三样美食有一定的道理：吃蚕豆，是因为立夏时它刚好上市，豆又叫发芽豆，立夏吃豆，讨的是"发"的彩头；时令蔬菜苋菜，炒烧时有红红的汤汁，讨的是"红"运当头的彩头；黄瓜的"黄"谐音"皇"，寓意攀上皇亲国戚，来日官运亨通。

树三鲜：樱桃、枇杷、杏子（一说是青梅、杏子、樱桃）。时令水果新鲜多汁，当然要尝一个。而且立夏吃樱桃，讨一个红红火火的好彩头。

水三鲜：螺蛳、河豚、鲥鱼（虾子）。螺蛳具有营养价值和药用价值，河豚和鲥鱼（属于国家一级保护物种，禁止捕捞）味道鲜美。江里河豚属国家保护动物，但现在河豚已能人工养殖，在市场上可买到，寻常百姓也可品尝得到了。

六月六，媳妇回娘家吃鱼肉

丹阳有的地方将农历六月初六称为"回娘家节"，也有"六月初六，吃鱼吃肉""六月初六，六盆馒头六盆肉"的习俗。

有的人家在这一天会请上亲戚朋友，一起到家里聚会，寓意吉利、吉祥。

丹阳也有地方在六月份"吃焦雪"的习俗。

过去农忙时节，丹阳人会吃一种用元麦（也就是大麦）制成的充饥食物。就是把元麦炒熟后用石磨碾成粉末（有电后可用碾米机磨成粉末），这种粉末就称"焦雪"（也有称"炒屑"的）。需要吃时，在碗里放上适量焦雪，加入开水或稀粥，然后用筷子搅拌均匀。在碗沿口将其压成一小块面饼，吃一块，压一块。条件好点的人家会在焦雪里和上一点红糖或蜂蜜。现在只有农村还有少量人家会制作焦雪。

女儿要送栽秧包

过去，丹阳地区有个习俗，秧苗栽插结束后，已婚妇女要备红糖、红枣、绿豆糕、桂圆、桃酥等食品送到娘家去。此时妇女也可稍事休息，改善一下饮食。这是因为女儿出嫁后，不同于婚前朝夕与父母生活在一起，所以只能在插秧结束后的空当回家探望，又称为"栽下黄秧望老娘娘"。

现在插秧已经机械化，出嫁的女儿也随时可以回娘家探望父母双亲，不必再拘泥于"栽下黄秧望老娘娘",但"送栽秧包"的民俗一直沿袭至今。

关秧门洗泥宴（洗脚饭）

栽秧季节一般从夏至开始，谚语曰："吃了夏至饭，听得埂头雨（或听得雷阵雨)。"

传统农村的耕作仪式里，栽下第一株秧苗称为"开秧门"，最后一株秧苗插完称为"关秧门"。关秧门一般都要举行一个叫作"洗泥宴"的仪式（又叫洗脚饭)。"洗泥宴"也分两种，一种是小户人家办的，为了赶栽秧进度，有的几户人家联手合伙、轮流协作，全家男女老少齐上阵；有的人家熟人多，还请外人帮忙。当栽秧结束，也就是关秧门时，联手协作的几户便凑份子来聚餐，聚在一起吃顿饭，称之为"洗泥"，图个吉利、平安，更图个邻里乡亲和睦。另一种"洗泥宴"是大户人家办的。大户人家条件好，一般都是在关秧门后独自举办"洗泥宴"仪式。

七夕"巧饼"花样多，"七素"馄饨寓意深

七夕节又称"乞巧节"和"七巧节"，因"牛郎织女"的传说，成为现代年轻人心目中的"中国情人节"。

黄梅戏《天仙配》中"家住丹阳姓董名永，父母双亡孤单一人……"的唱词，在丹阳家喻户晓。2010 年 5 月 17 日，国务院公布了第三批国家级非物质文化遗产推荐名录，丹阳市的"董永传说"申报成功。丹阳人大多将"董永传说"与"牛郎织女"合成一个故事，在七夕节这一天开展各种纪念活动，尤其以做巧饼、吃"七素"馄饨的习俗最有名。

过去，每逢七夕节，丹阳家家户户都以麦粉或米粉做"茄饼""藕饼"，统称"巧饼"。晚上人们吃着饼乘凉，抬头看"巧云"。

丹阳西部地区在七夕节还有杀公鸡、包"七素"馄饨的习俗。

杀公鸡是为了第二天早上没有鸡报晓，好让牛郎和织女两人多相会、多厮守。因"七"和"乞"谐音，人们用豇豆、茄子、青豆、韭菜、南瓜、冬瓜、鸡蛋七种食材制作"七素"馄饨，有"乞巧"的寓意。包馄饨时，大人会悄悄包一个带钱币、一个带线和一个带枣的馄饨，下锅煮熟后，随意捞给孩子们吃。吃到带钱币的预示着孩子将来有钱、富裕；吃到带线的，预示着孩子聪明、心灵手巧；吃到带枣的，则预示着孩子早婚，能延续香火。

立秋必食西瓜

立秋，丹阳也称为"交秋"，是二十四节气中的第十三个节气，更是秋天的第一个节气，标志着孟秋时节的正式开始。

在丹阳有立秋日吃西瓜的习俗，也称"啃秋"。这一天，往往是很多老丹阳人一年中最后一次吃西瓜的日子。

有人说立秋日吃西瓜可消除暑日积结的淤气。有人说这一天吃西瓜可以为过冬积聚"阳威"，意思是用西瓜"啃"去余夏暑气，"啃"下"秋老虎"，迎接凉爽的秋季。还有一种说法是这一天吃西瓜可以不生秋痱子。

另外，在古代"瓜"总与繁育后代有密切关系，人们常用"瓜瓞绵绵"一词来祝福人子孙昌盛，因此，立秋吃西瓜也有吉利的寓意。

中秋"送包"吃月饼

"八月十五月正圆，中秋月饼香又甜"。农历八月十五是我国传统中秋佳节，又称"团圆节"。

丹阳在中秋节有拜月或祭月的风俗，也有吃月饼、赏月的习俗。

旧时，八月十五这天，丹阳城内郊外，夕阳西下后，各家各户就将八仙桌放在庭院门口或天井里，摆上鲜果、月饼。鲜果有西瓜、石榴、藕、菱、梨、喇葡萄（小苦瓜）等，小孩子围着桌子欢呼跳跃，因为有东西可吃了。

西瓜供品，寓意祈祝家人生活美满、甜蜜、平安。

石榴是多籽的鲜果，形容子孙繁衍不息。

莲藕本身的寓意有两个：一个是莲藕有节，寓意连升三级，升官发财；另一个是寓意有情人深结同心，永远相爱。

菱的寓意为聪明伶俐，给孩子上学读书带来灵气。

除了吃月饼，城乡各地居民还制作各种各样的饼子过中秋。城里的居民们八月十五一早就开始煎南瓜饼、煎茄子饼、煎藕饼，还要焖山芋。农村人为了不误农时，一般早早地在八月十四下午就将饼子做好，作为八月十五这天的早餐。

做饼子的包馅以青菜、山芋、韭菜为主。现在，要论名气大，当数东南乡的吕蒙烤饼和脂油团子。

八月十五中午，不论城里还是乡下，各家都要吃团圆饭，饭菜都很丰盛。这顿饭有的是长辈赏（没有成家）小辈的饭，有的是（结婚成家）小辈敬长辈的饭，同时小辈还要带礼物给长辈，延续到现在成为"送包"的习俗。

重阳节赠"重阳糕"

每年农历九月初九是重阳节。九九归真，一元肇始，万象更新。古人认为重阳节是吉祥的日子。

旧时丹阳民间在重阳节有登高祈福、拜神祭祖、饮宴祈寿等习俗。传承至现在，登高赏秋与感恩敬老是重阳节活动的两大主题，欢聚饮宴当是题中应有之义。

2006年5月20日，重阳节被国务院列入首批国家级非物质文化遗产名录。2012年全国人大常委会修订通过《中华人民共和国老年人权益保障法》，规定每年农历九月初九为老年节。丹阳各地在这天小辈请老人吃饭已成惯例。有的单位在这天会组织老人外出旅游，顺便吃饭聚会，畅叙友情。

制作"重阳糕"馈赠亲朋好友的习俗也流传至今，重阳糕一般用粳米粉和薯粉为原料蒸制而成。

十月初一吃糍团

丹阳人在每年的十月初一吃一种特色小吃——"糍团"，这天也被人们称为"十月朝"，有"十月朝，吃糍团"的习俗，多少年来，这样的习俗丹阳人一直坚守着。

民间也有"十月一，送寒衣"的风俗。

做"糍团"前，先是磨芝麻。用自家地里收获的芝麻，洗净晒干后，用石臼舂碎成芝麻粉。也有人家将芝麻炒熟再舂碎。

将糯米洗净，加水、盐，煮熟后，搓捏成一个团子，滚上舂好的芝麻粉。民间有个说法，要想糍团好吃，要将糯米饭使劲"揣"结实，又称"揣糍团"。

吃糍团时候，也可随个人的口味调整，有人喜欢蘸绵白糖吃；也有人用油锅煎食，此时糯米香、芝麻香、豆油香三香混合，让人格外有食欲。

腊八粥，吃三天

农历的十二月又称"腊月"，腊月初八又称为"腊八"，人们也将其当作一个传统节日"腊八节"来对待，各家各户煮食"腊八粥"，也称"五味粥"。

古时的"腊"是祭祀的意思，这种祭祀表达了古代人朴素、善良的想法。古人认为能丰衣足食应该感恩天地，腊八粥是城乡人们欢庆五谷丰登的美味佳肴。

腊八粥的食材花样品种繁多，各家可根据自己的口味喜好随意添加，但其中三类食材是必不可少的：第一类是谷类，如大米、糯米、江米、黑米等；第二类是豆类，如红豆、黄豆、绿豆、黑豆等；第三类是果类，如花生、山芋、莲子、桂圆、枣、菱、松子等。

腊八粥煮好后，旧时要先敬神、祭祖和祭天地，然后再馈赠亲朋好友，但一定要在中午前送出去，最后才是全家食用。

当天吃不完的腊八粥可存放好，以能吃几天为好兆头，称为"富贵有余，越吃越有"。还有的地方煮食量要可以食用三天，有"吃上三天腰不痛"的说法。

腊八粥不仅是传统习俗美食，更是养生佳品，经常食用对慢性肠炎、消化不良等症也有疗效，对于脾虚腹泻及水肿有一定的辅助治疗作用。如果在"腊八粥"内再加羊肉、鸡肉等，营养就更全面了。

丹阳海会寺每年都施腊八粥，市民纷纷前往分食。

定格在饮食文化里的人生"百宴"

　　世界上任何一个国家都保留有自己传统的饮食文化，并在其独特的文明土壤中沿袭传承。但没有哪个国家会像我们中国人一样，对"吃"如此情有独钟。

　　如今中国人将与"吃"相关的应酬称为"饭局"。就单个人来说，从出生到死亡，一生当中历经传统饮食文化设置的各式"宴席"也是不胜枚举。

初生宴

人的出生被看作"人之初"的头等大事，因为它是中国人最为重视的"血脉"与"后嗣"的象征。一个新的生命问世，意味着家庭或家族的延续，人们将这一新生命的到来视为大喜，所以相关的"饭局"形式多样。在丹阳民间，一般有催生、报喜、庆三朝、满月、百日、抓周、命名礼等一系列习俗，其中以满月酒、百日宴、抓周席最为常见。

1. 催生

女儿出嫁后，母女之情难以割舍。为了使女儿对新生孩子的分娩充满信心，情绪稳定，消除忧虑，旧时有娘家在女儿临产前一个月赠饼、蛋、糖等给女儿的习俗，人称"催生"。在赠饼的礼物里，一定要放上一枚红枣，以及鸡蛋、红糖、婴儿尿布、竹筷等。这种饼也称为"催生饼"，以祝平安分娩。母亲用这种催生之仪，来表达朴素的爱女之情。

2. 报喜

孩子生下来称为"添丁"，是整个家庭里的大事。中国历来十分讲究诞生礼仪，体现对下一代的关爱心愿和期盼。

旧时人家里"添丁"后，用篮子装9枚红鸡蛋往外婆家报喜讯，外婆家在9枚鸡蛋中加上3枚蛋和红糖、草纸给报喜人带回。如果生了男孩子，用红喜蛋赠送亲友，称为"报喜蛋"。

现代通信发达，当小孩生下来后，一个电话、一条短信，生小孩的喜悦马上传遍亲朋好友，同时也约好举办庆贺宴会的时间和地点。举办庆贺宴会规模有大有小，根据经济条件而来。

3. 满月

婴儿降生30天为"满月"，又称"弥月"。经济条件好的人家，这天要举办庆贺酒席，也称"做满月""贺满月""满月酒""满月礼"。

旧时，这天婴儿的外公外婆家要准备馒头、方糕等用提盒挑来庆贺，也有用小车推来的，同时有其他馈赠礼物，还要购买大小鞭炮一同带来。馒头寓意日子过得"美满幸福"，方糕寓意"生活节节升高"。礼物有金、银项链，手镯，衣裤等。随行人员可多可少，也有哥、嫂、弟、妹同来祝贺的。

主人这一天要以丰盛的酒席招待贺客。当天，亲戚朋友齐聚一堂，大摆酒席，预示着子孙满堂、人丁兴旺、家族昌盛。酒宴开席前，鞭炮齐鸣，意在保佑婴儿顺利成长。酒席散场，将馒头、方糕赠与亲戚朋友，以示同庆共贺。也有人家向亲友发送5枚鸡蛋，以取"五子登科"之意。

4. 抓周

幼儿在家人和亲友的关怀和期望中，迎来了周岁之庆，又称"交周"。

周岁，是幼儿成长的第一个年轮，也是家庭值得隆重庆贺的事件。

一周岁幼儿已能行走，听从呼唤，手舞足蹈，十分可爱。交周时设宴邀请前来的亲友，共同享受天伦之乐。

旧时，这一天外婆家最为忙碌，蒸馒头、蒸方糕送来，并赠幼儿衣裳，意在祝贺孩子健康成长，平安多福。

丹阳各地在这天有"抓周""抓鸡（几）""抓岁"之礼，以预测幼儿未来的性情、志趣、前途、职业。

"抓周"源于原始人对卜卦征兆的信仰，将各种玩物、用具等小物件摆放在幼儿面前，他人不加任何暗示与引导，任其自由抓取，以抓取物品的先后和时间长短来占卜幼儿的未来。

主人家要设宴招待前来观看、祝福、贺礼的亲朋好友，传统习俗称为"抓周席""交周酒"。

升学宴

"金榜题名时"也是人生的重要时刻，于是就出现了很重要的一个喜宴，并且延续至今。

升学宴也叫谢师宴。尊师重教是中国几千年来的传统美德。古代学子金榜题名后，皇帝要为新科进士举行宴会，现代社会也延续了这样的习俗，只是更接地气，更受老百姓的喜爱。

随着各高校的录取通知书纷纷"飞到寻常百姓家"，莘莘学子经过十几年的寒窗苦读，马上就要进入梦寐以求的"象牙塔"。孩子升学后，人生有了新的起点，家长也想要感谢一下老师，谢师宴也就应运而生。同时，父母也想在此时与亲戚朋友分享喜悦。此时"吃"的不是酒宴饭局，而是学生的感恩和兴奋，更是家长的感激和欣慰。

各大酒店趁机推出"学有所成""前程似锦""鹏程万里"等菜宴系列，这里虽有部分讲排场、爱面子的因素，但更是割舍不掉几千年来中国人的"传统情结"。

婚庆宴

儿大当婚，女大当嫁。婚姻是男女以夫妻的名义结合，繁衍下一代，使得自己的家庭或者家族得以延续。不论古代还是现代，东方或者西方，全人类在繁衍后代这件事情上都是非常重视的。

关于结婚，自古以来有非常多的习俗，各地有不同的流程和仪式，其中婚宴被全方位地传承了下来。

婚宴是指为庆祝结婚举办的饭局宴会，通常称为"吃喜酒"。婚宴一般设在男方家，与婚礼仪式同时举行。

旧时的婚宴大多在自己家里办，家居农村的则支起大棚，请厨师上门筹办。现在的婚宴规模越来越大，且大多在酒楼饭店隆重举办。

婚宴礼仪烦琐而讲究，从入席到上菜，从菜品组成到进餐礼节，乃至席桌的布置、菜品的摆放等，丹阳各地都有一整套规矩。如在菜肴方面，菜肴数量讲究双数，忌单数。从八碗八碟，到鱼翅海鲜，越来越奢侈。

即使在平时宴请宾客，也有"菜不摆单（三）"之说。意思是哪怕只有一两个人，也不能上三道菜。原因有三个：首先，中国人聚餐或者吃饭都讲究团团圆圆，好事成双，双数在中国人眼中就是成双成对、圆圆满满的意思，"三"为单数，听起来不是很吉利；其次，中国人习惯将字谐音化，"三"的谐音为"散"，寓意分散，人们自然不喜欢；最后，在祭祀时，常摆设三盘贡品或者菜品，如此招待客人，客人可能会心生芥蒂。

婚宴上桌的菜种类与一般酒宴的菜有别，这种区分主要表现在豆制品和鱼类上。喜宴（如上梁、结婚、生日等）忌上豆腐、百叶、大粉、鳊鱼，必须上有青叶的菜（如生菜等）。

生日宴

在中国人的人生礼仪中，生日是一项重要的礼俗，生日宴文化源远流长。人们把举办生日活动看作人生旅程中不同阶段的标记，并可给人们留下深刻而美好的印记。

家长希望孩子的人生道路少点坎坷和灾难，这种美好愿望通过邀请亲朋欢聚来表达，被称为"过生日"。苏南地区，在孩子10岁、20岁的整生日期间，父母要大宴亲朋，反映出人们望子成龙的良好愿望。

在所有生日中，最讲究的是30岁生日。因30岁这年是而立之年，俗称"三十不做，四十不发"。丹阳民间还有个说法：做了30岁生日，40岁步入中年才会发禄发福、前程似锦，道路越走越宽，所以30岁生日是希望之星。一般人家都会隆重设宴，邀请亲朋赴宴庆贺。

女子做30岁生日时，如果结婚了，父母家携带糕点、衣料（包括女儿衣料）、鞭炮等礼品来庆贺，期望女婿出人头地、飞黄腾达。

平时的生日，丹阳人也称为"长尾巴"，有的人家也举办宴会来庆贺。

农村里举办生日宴的餐桌上，还要上涨蛋，寓意茁壮成长。

寿庆宴

中国以天干地支纪年、纪月、纪日，从甲子、乙丑、丙寅……直到戊午、癸亥，60年为一个周期，称为"六十甲子"。因此，人们以"一个花甲子"或"花甲"代称 60 岁。

丹阳人的习惯，一般 60 岁以下叫"做生日"，60 岁及以后称为"做寿"。

中国人向来珍惜和爱护生命。"老吾老以及人之老"，敬老是我们的传统。

人们认为，活满了一个甲子就相当于过了人生中第一个完整的周期，此后又开始了自己人生的第二个周期。所以，人们特别隆重地举办六十甲宴来祝寿，也称"甲子宴"。举办"甲子宴"，不分贫富贵贱，是儿女孝敬长辈的一种表达方式。

俗话说，"人生七十古来稀"，即旧时能活到 70 岁的人很少，人过 60 岁已算是长寿有福之人。所以，60 岁就要当作大喜事来大庆贺，举行隆重的做寿礼仪。

现在经济条件好，生活条件改善，人们平均寿命达 78 岁，80 岁、90 岁的老人越来越多了。现在人们更加盼望多福多寿，用做寿来祈求逢凶化吉。寿与命密切相关，长命才能干出一番事业，取得卓越的成就，从而惠泽于地方民众，并赢得大家信任而德高望重，同时家庭也兴旺昌盛，所以祝寿能展示一生的威望。

年岁不同，寿辰名称也异，50 岁称为"艾寿"，满花甲 60 岁称为"花甲寿"，70 岁为"古稀寿"，80 岁为"耄寿"，90 岁为"耋寿"，100 岁为"颐寿"，108 岁为"茶寿"。

丹阳民间有"六十六，女儿家里吃碗肉"之俗，即父母在 66 岁生日时，女儿要买"一刀肉"回来，切成 66 块，让"寿星"一次吃完，据说这样做可以逢凶化吉。

每逢 70 岁、80 岁、90 岁寿庆，儿女子孙们也十分重视，阖家团聚，更是欢声笑语，热闹非凡。

做寿之日，小辈要备礼祝寿。礼品有寿桃（用米粉、面粉做成桃形）、寿面、寿糕等。亲友同仁也常送礼祝寿。中午吃寿面、生日酒。

现在人们祝寿的方式多样，小辈以送生日蛋糕、生日贺卡、鲜花或其他礼品祝贺，也有的人去电台、电视台点播歌曲或为寿星送上祝福来庆贺。

若父母同庚合做，俗称"双庆"寿宴。

做寿还有"做九不做十"之俗，即逢十的整寿必须提前一年祝寿，也称"做九头"。因丹阳方言"十"与"失"的发音相近，犯忌。而"九"与"久"音同，吉利。

丧葬宴

草活一秋，人活一世。生老病死，没有人可以避免。

中国人对待死亡的态度比较豁达，讲究善始善终，人生圆满，笑对死亡，一直保持至今。对年事已高、正常死亡的老人，丹阳民间将丧事称为"白喜事"，相应的酒宴活动也叫"吃白喜酒""吃送葬饭""吃豆腐饭"。

在哀悼尽孝的同时，主人对前来吊唁及帮助处理丧事的亲友不能太小气，要以酒菜招待，这就有了丧葬食俗。

古代的"吃豆腐饭"为素菜素宴，后来席间也有荤菜，如今已是大鱼大肉了，但人们仍称为吃豆腐饭。荤菜忌吃鲫鱼、鲢鱼。主食忌吃面条。

旧时白事宴席较简单，多在送葬完毕设便宴款待亲友，以客人吃饱为度，菜档次较低。

现在乡下做"白喜事"，一般请厨师到家里来做宴席。城里人则在饭店定桌，款待亲友。

做"白喜事"的菜肴数应是奇数，即"上单不上双"。

丹阳有的地方有一种"九九八十一难，子孙要讨饭"的说法，就是认为刚过了80大寿的老人仙逝了，是不吉利的，需要小辈们穿破衣服扮叫花子，去讨七个不能重复姓的人家的饭，这样逝去的老人转世之后不会过苦日子。村上假如有万姓或范姓的，只要到万姓或范姓的讨一家就够了。这只能说是思念去世的人的一种心理寄托和精神慰藉。

在葬礼时刻，宴请亲朋好友，追思父母先人，这既是人生的一次重要饭局，也是为逝者人生终点画上一个完美的句号。

丧葬历来受到人们重视，丧事简办也日益成为社会新风。现在倡导厚养薄葬、移风易俗，丧葬风俗正逐渐改变。

源远流长的丹阳大麦饮食文化

丹阳农谚云："芒种到，割麦无老少。"每到农历四月，农民忙于收割小麦，也称"夏收"。大麦成熟，早于小麦一个月左右。农历三月，大麦成熟，世称"三月黄"。大麦磨成的粉，丹阳人称"大麦粞"。大麦炒熟后磨成的粉，丹阳人称"炒屑"。大麦炒熟略焦，放进锅里煮至水滚，丹阳人称"大麦茶"。

大麦的种植历史源远流长，久传不衰。丹阳人不但饮食上对它有依赖，而且用它来治病、救人，大麦是大自然对丹阳人的恩赐，丹阳人民对大麦的喜爱，代代相传，从未间断。

大麦粥代代相传

关于丹阳人与大麦粥的关系，曾有人用"丹阳人是大麦粥命"来形容。丹阳城乡，家家户户都有煮食大麦粥的习俗。《民国丹阳县续志·风土》记载："大麦粥，又名糗儿粥。屑麦为粥，富家犹然。"清道光进士、吕城诗人黄之晋咏《大麦粥》诗："古风唐魏俭犹遗，麦粥齑汤户户炊。"由此可见大麦粥在丹阳地区的普遍性、广泛性和历史的悠久性。

新麦登场，磨坊工忙，大麦磨"糗"，小麦出"粉"。大麦糗常被用来馈赠亲友，尤其是农民提一袋大麦糗进城走亲戚，很受欢迎。家有农村亲戚的人家，以往每到春夏之交，就有亲戚上门，带来大麦糗、炒屑。家庭主妇这天最忙，要以蛋茶招待，还要去肉店买肉，以此款待。亲戚吃过午饭，主妇回赠买来的桃酥、京枣。从前，许多丹阳人在上海谋生，最忘不了的是丹阳土产大麦糗，哪怕几斤大麦糗，也要托人带去。改革开放后，经济水平日益提升，大街小巷的大酒楼、大饭店鳞次栉比，林林总总。进入宾馆酒楼的宾客，酒足饭饱之后喝上一碗大麦粥，真是沁人心肺，快活怡人。

梁武帝吃大麦粥恢复健康

丹阳是南朝齐梁帝王故里。西晋"八王之乱"后，朝政日衰，战乱不停。北方人民为避战祸，纷纷南渡。家住东海兰陵（今山东兰陵县）的萧整，携家侨居丹阳东城里（今开发区张巷东城村）。萧整长子系五世孙萧道成，为齐朝开国皇帝；萧整次子系六世孙萧衍，为梁朝开国皇帝；萧整次子系四世孙萧道赐，因人众又从东城里分迁至塘头村（今丹阳开发区颜巷塘头村）。

南齐朝永明八年（490）八月，萧衍随郡王萧子隆咨议参军时，接到父亲病重的信息，立即从湖北荆州赶往建康（今南京市），一路上披星戴月，忍饥耐渴。到家时，父亲已去世。《梁书·武帝纪》载："高祖形容本壮，及还至京都，销毁骨立，亲表士友，不复识焉。望宅奉讳，气绝久之，每哭辄欧血数升，腹内不复尝米，惟资大麦。"梁武帝腹内粒米不能进，怎能食大麦呢？实是大麦粥也。

至今丹阳还流传一则梁武帝在塘头村吃大麦粥治病的传说：梁武帝是一位孝子，身体虽然极度虚弱，粒米不能进，仍强提精神，守护父亲灵柩来曲阿埋葬，兄弟们都寓居在塘头故居，邻里关系相当和睦。梁武帝住在塘头故居守墓3年，因悲哀过度，粒米不进，骨瘦如柴，当地百姓见状，十分同情，关心地送上一碗大麦粥。梁武帝吃了，胃口就开了，从此每天以大麦粥调养身体，竟奇迹般地恢复了健康，活到86岁。

大麦治病的药膳功效

萧衍守墓 3 年后回到建康，亲友见他身健体壮，个个为他欢喜。曲阿大麦粥能治疾病，遍传遐迩，史家写进《梁书》，传至今日，已有 1500 余年了。

中医认为，长期食用大麦，可使人长得又白又胖，肌肤滑腻。

大麦糗，也名大麦粉、大麦面。《本草纲目》介绍说，大麦面能"平胃止渴，消食，治疗腹胀"，还能"宽胸下气，消食开胃"。诗曰："菜汤麦饭两相宜，汤养丹田麦养脾。"明朝时，朝廷将丹阳进贡的大麦糗，分赐给大臣，可见大麦糗的受欢迎程度非同一般。

丹阳人过去常在夏天得一种叫作"痎夏"的季节病，以食欲不振、厌食为主要症状。病人常遵照医嘱，三餐都以大麦粥调养，秋凉后，病情自然消失。可见，丹阳大麦功用众多。

乾隆皇帝品尝大麦粥

乾隆皇帝品尝丹阳大麦粥的故事在民间有几个版本，除前文提到的以外，现再摘录一则。乾隆二十二年（1757），乾隆皇帝第二次下江南，闻丹阳为春秋时云阳古邑，遂停船上岸，在丹阳游览。这可忙坏了陪伴圣驾的镇江知府、丹阳知县，以及守卫人员。

丹阳县衙备上盛宴为皇上接风洗尘，席间有吕城贡品白鱼、延陵清蒸鸭饺、后巷和埤城的脆鱼，以及丹阳风味小吃春卷、荷包蛋，等等。丹阳饮食特色一应俱全，一道一道献给皇上尝鲜。丹阳黄酒，甜而不酸，清香不腻。皇上喝得连连赞美："好酒、好酒！"皇上酒足饭饱，散席前，丹阳知县跪送"丹阳大麦粥"给皇上尝尝。乾隆吃一口，说："妙！"竟几口将大麦粥喝光。

乾隆皇帝在丹阳参观了市容，游览了练湖、城霞阁。在城霞阁内，皇上小憩，官员献上"大麦茶"供皇上解渴。

城霞阁坐落在东门外万善塔附近。皇上打算离丹阳往无锡、苏州去了，在此等待御船到来。丹阳县衙门在西门，御船停在西门外京杭大运河上，虽早就通知御船"速航东门宝塔湾"！怎奈西门经南门，至东门，再过尹公桥，少说也有二公里。皇上有点心急，快马报："御船到了草埝门！"皇上心燥，快马报："御船快到东门！"皇上心焦，说："唉！小小丹阳真难过呀！"这一句话，吓得陪伴皇上的大小官员个个下跪，连连高呼："万岁！万岁！"皇上自知失言，遂说："大麦粥总有得吃哆。"官员们见皇上改口，遂喊："谢万岁！万万岁！"

皇上离开丹阳，往下游苏州去了。但是，他与丹阳大麦粥的故事却留了下来，传续至今。

消暑佳品：炒屑

炒屑，自古就是丹阳城乡人民喜爱的一种家制副食，它不仅便宜，耐贮藏，放瓷罐内三五个月不变质，清香如故，而且吃时方便，冷热开水调拌都行。

炒屑也称"焦雪"，将大麦炒熟，略呈焦黄，放在家用的小磨上磨成粉。夏日炎炎，天气酷热，农夫们在烈日下劳动，精力耗损很多。到了下午3时左右，略事休息，丹阳人称"息晌"。这时肚饥，就调一碗炒屑充饥。夏收夏种时节，农村最忙，农民最苦。可是，烈日下，面朝黄土背朝天，怎么没人中暑？原来炒屑有健胃、消暑的功效。

炒屑，对城内居民来说，是一种朴素的享受。调拌炒屑，加上白糖，淋上麻油或香油，吃起来又甜又香，口味宜人。城内人有吃"零食"的习惯，炒屑代零食吃，可充饥，可解暑，既便宜实惠，又方便食用，被世人称为"最便宜的零食"。

药炒屑：中医根据大麦、炒屑的材质特性，配上几味中药，一起磨成细粉即成。抗日战争前，板桥南河沿有一魏姓人家，有祖传药炒屑出售，生意还特别红火。药炒屑专治小孩疳积和消化不良，以及食欲不振（厌食）。药炒屑加红糖搅拌成糊状，甜而不苦，小孩都喜欢吃，一周为一个疗程，即可清除病情，强壮胃脾。

大麦茶的传说

夏收夏种时节，正是江南梅雨天气，割上的大麦，堆在打麦场上，一旦遇上连日阴雨，来不及脱粒的大麦就会发芽。丹阳农民勤俭成风，舍不得丢弃，就把大麦放在锅里炒焦，代"茶叶"饮用，代代相传。

实践出真知，农民知道喝大麦茶有防暑、健胃、消热毒的功效后，就把大麦炒焦，煮成大麦茶作为饮料。农户家在下田插秧时，用瓷罐等装满大麦茶，放在田埂上，随时解渴饮用。

从前，交通工具落后，百姓外出办事多为步行。行善的村民常在村旁路边搭一简陋小棚，世人称"歇脚棚"。炎炎夏日，行人至此，稍歇一下，喝上一碗主人免费供应的大麦茶，非常惬意。丹阳至麦溪的大路旁有个村子叫"方便村"，村里的农户心地善良，每年都延续为行人免费歇脚及供水解渴的善举，"方便村"名即由此而定。乾隆皇帝下江南时，有一天微服私访，这天行至方便村歇脚棚，烈日难熬，就在棚内小憩。主人热情地倒上一大碗大麦茶。乾隆皇帝一边喝茶，一边询问主人当地风土人情之事。正在宾主交谈适意的时候，突然蹿出宾村王家兄弟两人，持刀刺杀皇上。侍卫眼尖，一脚向王家老大踢去。老大被踢翻，刀也飞出去了。两兄弟吓得逃之夭夭。

乾隆到了县衙，责令知县捉拿刺客，灭掉方便村。缉拿刺客的赏格贴了无人领赏。方便村为人方便，怎能灭呢？人们遂将"方便"前添上一字，改为"上方便村"，以此上报朝廷，得到批准。

今延陵镇仍有上方便、下方便两自然村。古代，下级称皇帝为"皇上"，上方便村寓意为"皇上在此方便喝茶"。乾隆也默认了。

相传大麦茶还救过苏东坡的命。公元1100年，宋徽宗登基，大赦天下。第二年春天，苏东坡从流放地回归北迁。那年，他已60多岁，年老体衰，患有多种疾病。苏东坡旅途辛劳，走到半道上，又听闻他最喜欢的弟子秦少游病逝在遇赦北归的途中，顿时悲痛异常，一下就病了，走得很慢，到了丹阳境内，已是盛夏酷暑。连日劳累加上心情悲痛，他的身体受了严重的暑热内湿，竟高烧不退，一连两天粒米不进，生命垂危。陪同的家人吓坏了，急惶惶在一个叫尧沟的村子里寻了一户人家歇下来。这户人家姓荆，是个大家庭。苏东坡的亲人求这户人家帮忙找个医生来为苏东坡看病。但不巧的是，当地的一个走方郎中外出，要第二天才回来。远水救不了近渴，这可怎么办呢？

这户人家有位70多岁的老人，很有经验，他询问了病人的情况后，断定是中了暑。立即吩咐说："救人要紧，快炒大麦茶！"随后，他一面用井水为苏东坡冷敷降温，一面吩咐家人取一瓢大麦放锅里翻炒，炒到麦粒焦黄开裂，再倒进水煮上片刻，然后用钵头舀起大麦汤水，放进井水里降降温，就盛了一碗端到苏东坡的跟前，让人用勺子一口一口喂他，隔了半个时辰又喂一次，再过一个时辰又喂了一次……再看苏东坡，脸色渐渐地转了过来，呼吸也正常了许多，当天晚上还睡了一个安稳觉。

第二天早上，苏东坡醒过来，感觉精神好了不少，还有了点胃口，张口喝了半碗香喷喷的大麦粥。一家人高兴坏了，万分感谢老人用大麦茶救了苏东坡的命。这天，走方郎中也回来了，配了几副药给苏东坡服下，又调养了几天，苏东坡就能站起来走路，然后就往常州去了。

丹阳的鱼文化

自从有了人类，水产就作为人类维持生命之食源了。早在原始社会，猎人就以捕鱼打猎为生，在火中炙烤而食，史称"渔猎时代"。我们的祖先以各类鱼虾为食已有千百年历史，医师、药师又经过多年实践，写出各类著作，诸如《食谱》《药谱》等书，其中都有不少鱼虾种类。明朝李时珍所著《本草纲目》中就搜集了数十种鱼类，推荐给人食用，并详列其作为"药膳"的功能，使食与药融为一体。

丹阳地处太湖流域，水源充足，湖塘星罗棋布，鱼类品种丰富。丹阳人民食鱼也很考究，食谱众多，鱼味鲜美，有烧、煮、炸、蒸、烤等方法，加上丹阳出产甜酒、香醋等佐料，可做成各种风味的"鱼宴"，他处少见，深受宾客欢迎。

春节期间，丹阳人民家家鱼肉丰盈，红烧青鱼、红烧草鱼、红烧鲢鱼、红烧鲫鱼等在菜桌上摆满，各有风味。丹阳人喜"红"，象征红红火火，生活天天向上；丹阳人崇拜"鱼"，因"鱼""余"同音，取年年有余之意。除夕晚上，家家都以红纸写个"福"字贴在门上；写个"年年有余"贴在米囤、米桶上，祈求粮食年年有积存。

春品河豚、刀鱼臻极鲜

丹阳沿江地区有界牌、新桥、后巷、埤城四镇。后巷、埤城依山傍水，历来为丹阳旅游胜地。沿江四镇素以出产鲥鱼、刀鱼、河豚而名传丹阳城乡，世称"长江三鲜"。

河豚，自芜湖至江阴的长江下游各县市临江地区都盛产此鱼。因河豚血、子、肝、目、脂皆有剧毒，必须洗净后烹烧，向有"冒死吃河豚"一说。只因河豚的奇鲜引人胃口，故明知危险还要"舍命一尝"。改革开放前，沿江地区人民大多是集体搭伙吃饭。河豚加猪肉再加秧草（苜蓿），一锅煮烂，大家一起品尝。近些年来，江中捕捉的河豚年年减少，遂有人工放养的小河豚进入酒店餐桌，每人一条，一条河豚小则二三两，大则半斤以上，吃后平安，皆大欢喜。

刀鱼，体狭薄而长，白色，大者尺许，刺细肉鲜，清明节前上市，成为人们盘中美味佳肴。刀鱼的传统吃法，一是清蒸，二是油炸。但在丹阳习俗中，刀鱼全是清蒸，其肉鲜嫩细柔，历来为邑人推崇，称之"丹阳一鲜"。国家已禁止捕捞野生刀鱼，目前食用的都是养殖刀鱼。

夏尝黄鳝补虚损

鳝鱼因体黄有黑纹，亦名"黄鳝"，又称"长鱼"。黄鳝体长一二尺，夏天出洞觅食及产卵繁殖时，是人们捕捉的最佳时期。农夫将捕捉来的鳝鱼投入市场，成为饭店及居民家的美味佳肴，时令一鲜。鳝鱼能烧、能炸、能炒，能作主菜、下酒小菜或汤羹。

鳝鱼切成寸长加猪肉红烧，时称"段鳝红烧肉"。配料要用到丹阳陈酒、蒜瓣、生姜、酱油、食糖。鱼肉煮烂，味道鲜美。

鳝鱼去骨刺，去头尾，取其肉，与洋葱作伴炒，时称"炒鳝片"。其烹制方法：锅内放豆油，加热，将剁成段的生鳝片入锅急炒。洋葱单放在油锅急炒。洋葱与鳝片合而为一，加上糖、酒、酱油等佐料即成。

将鳝鱼放入桶内，用开水烫死，以专用工具剔骨抽肉，俗称"鳝丝"。将鳝丝放在油锅炸，炸熟后捞上来，时称"脆鱼"。脆鱼以脆酥而闻名，在丹阳埤城、后巷为传统食品。脆鱼有两种吃法：一是红烧脆鱼，以糖醋为佐料，加点水煮滚，投入脆鱼，略焖。又称"糖醋脆鱼"，其甜而不腻，酥而不碎。二是脆鱼汤，丹阳人称鳝丝汤，味道各有不同。

夏天，肠胃病多发，食用鳝鱼能补中益血，补虚损。患有风恶气、体虚出汗、消化不良的人多食有益。

秋吃螃蟹、甲鱼养精气

螃蟹，丹阳知名土产，久已名传四方。《丹阳县志·风土》载："螃蟹，出练湖、荆溪（今称鹤溪河）。其爪晶莹如玉，又名玉爪蟹，味胜洲产。"丹阳练湖产螃蟹，远销上海、广州、香港等地。

螃蟹，秋冬之交上市，民谣有"西风起，蟹肉肥"一说。唐陆龟蒙《蟹志》载："蟹始窟穴于沮洳，中秋冬交必大出。"蟹大出之时，也是人们采取各种方法捕捉之时。练湖多渠道，湖水下泄，蟹随流水往下游爬行。捉蟹人天黑时点一盏煤油灯，坐在淌水的缺口处静候。蟹见光亮，顺水而来，到了狭窄缺口处，捕蟹人见之，用手往

下一捺，就捉住了。这种方法比较普遍，人们大都以此法捕蟹。此外，还有蟹网、蟹簖等捕蟹工具可用。

蟹肉、蟹黄、蟹脂都是人们食蟹的美味佳品。城内居民将蟹肉、蟹黄、蟹脂放在用猪脂熬油的锅中，熬成"螃蟹脂油"放在家中，随时可吃。如早上吃面条，作料用螃蟹脂油、松菌酱油，就是一碗鲜美可口的早餐。螃蟹脂油还可放进荤素菜肴中增加鲜味。

螃蟹性寒，有微毒，少食为妙。螃蟹能养精益气，解漆毒；治胸中邪气，热结作痛，口眼歪斜，面部浮肿；也有治虚劳、补阳虚之功。

鳖，又名团鱼、甲鱼，生在水中，产卵在水边沙土中。丹阳农村各地都有出产，秋凉进补，甲鱼为时令"药膳"。食鳖，能补中益气。

甲鱼以清蒸或煨汤上宴席，味鲜美可口。

丹阳西门丁巷民户，世代以捕鱼捉鳖为生。捉鳖有两种方法：一是用鱼叉捕捞。鳖在水底游动，必有水泡上冒。渔夫利用鳖的特性，穿上皮衣（丹阳俗语"皮老虎"），手持鱼叉，进入湖塘浅水处，以鱼叉拍打水面，鳖惊游动，渔夫见气泡，用脚一踩，用手一抓，就将鳖捉住了。另一种方法是放钩，用长线，每隔十五厘米距离结上一把钩，钩线十厘米，扣在长线上，将粗蚯蚓穿在钩上作饵。日暮时，渔人在湖塘边放钩，天晓时，去塘边收钩，甲鱼尽在钩中，很少落空。

冬食鲫鱼调肠胃

丹阳湖塘众多，水产丰饶，鱼类四季都有。鲫鱼作为冬令补品在餐饮店家上市，世人称之"冬令佳味"。

市场供应的鲫鱼一般都在二三两一条，大的有一斤多。冬天的鲫鱼满腹鱼子（卵），营养丰富。

鲫鱼煨汤，汤呈奶白色，味道特鲜。食用鲫鱼，有健脾开胃功效。鲫鱼汤作为传统菜肴，久传不衰。鲫鱼尤受家庭主妇青睐，见老人胃口不香，买几条鲫鱼熬汤，以此孝敬老人。

红烧鲫鱼，以酱油、丹阳陈酒、葱姜为佐料。鲫鱼入油锅翻煎后，倒上佐料，略加水煮熟即成。味鲜美可口，使人大开胃口。世人说"冬食鲫鱼，能与刀鱼比美"。东方朔《神异经》一书中记载："南方湖中多产鲫鱼，长有几尺，食之能避暑而避风寒。"元朝医学家朱震亨说："诸鱼属火，独鲫鱼属土，土能制水，故有调胃实肠之功。"可见，自古以来，鲫鱼就是鱼中上品。

糯米里的丹阳民俗

自古以来，糯米是丹阳人的传统食材之一。糯米可做成各种风味的糯米饭；五月初五端午节，家家户户以糯米裹粽子；糯米磨成粉，俗称"米屑"，可以做糕点、团子等食品。

糯米饭

丹阳人喜欢尝"鲜"。农历十月初一，稻米入仓，农民冬闲，家家煮食糯米饭，一为尝鲜，二为庆贺五谷丰登。此俗流传千百年，延续至今。《光绪丹阳县志》载："十月初一为小春，都图举乡饮酒，礼如元宵，乡里举办'乡饮酒礼'，煮糍团食之。"梁朝宗懔《荆楚岁时记》载："是日，人多食糗糟。"糍团、焦糟、粢糕，皆今日糯米饭之别称也。

御膳八宝饭

御膳八宝饭，以糯米为饭，配以"八宝"。皇宫内院的膳食，都要配以吉利的名字。厨师不但要为皇上做出美味佳肴，还要在菜肴中报出吉利的菜名。八宝饭是一味甜食，内以豆沙、百果、红枣、莲子、杏仁、橘皮、核桃仁相配，颜色多样，醇香扑鼻，鲜样杂乱，适合就餐者多方口味。

八宝饭与丹阳的渊源，前文已有详细撰述，此处不再赘述。

八宝粥

妇女在产后，可多食"八宝粥"，八宝粥能调养滋补身体，已成传统习俗。腊月三十日为除夕夜，民俗家家户户都祭祖宗，供饭至正月初五日，饭做成馒头式，外镶红枣、百果。

"八宝"的药膳价值：

糯米：性温，能暖脾胃，止虚寒泄痢。适宜脾胃虚的人食用。

豆沙：赤豆沙，性平，消热毒，止腹泻，利小便，除胀满，催乳汁。

红枣：性热，主心腹邪气、安中、养脾平胃、和百药，长期服用能轻身延年。

杏仁：性温，止咳，治惊痫、心下烦热、头痛，润大肠，杀虫消肿。

百果：即银杏果实。性平，熟食益人，温肺益气，定喘咳，缩小便。欧阳修诗曰："绛囊因入贡，银杏贵中州。"银杏出产于江南，宋初进贡朝廷。

橘皮：橘子皮也，晒干药用。味甘，性温，治上气咳嗽，润肺开胃。作调料，可解鱼腥毒。

核桃仁：性平，可使人体健壮，润肌，黑须发；使人开胃，通润血脉，补气养血，润燥化痰。丹阳人称"胡桃肉"。

汤圆

糯米磨成的粉，俗称"米屑"，丹阳很多地方又称之"米糁"。米糁做的各种糕点都与民俗相关。

农历正月初一，家家都吃圆子，以示一年中全家团圆。《光绪丹阳县志》载："初一，食水团。"圆子，内有馅，馅有豆沙猪油、芝麻白糖、青菜猪肉、全猪肉，两甜两咸，美其名曰"四喜汤圆"。立春日、元宵节，户户都做细圆（弹子大小）下汤面，寓意团圆长流，谓之"长春面"。

糖饼

米屑加糖，放进锅里烙成饼，称为"糖饼"。

脂油团子

米屑、猪板油、白糖、花生米做团子入蒸笼蒸熟，俗称"脂油团子"，是丹阳农村招待亲朋的上档次的"点心"。

糕

　　糕，以米屑或米粉制作。腊月二十左右，农村家家户户忙蒸糕，一为新年食用，二为祭祀祖宗，名曰"年糕"。城内居民多去店家购买，年年如此。年糕取其"生活年年高"之义，"糕"与"高"同音，人们崇拜"高"，诸如"芝麻开花节节高""人往高处走"等。千百年来，糕文化代代相传，久传不衰。农历九月初九，店家制糕出售，美其名曰"重阳糕"。糕上插一以彩纸做的三角小旗，深受小孩喜欢。《光绪丹阳县志》载："九月九日重阳节，食糕。"

　　农家制糕，备有糕盒，今称"模具"，方形，约三寸见方，大盒可做糕样 25 块，小盒 16 块，糕样入蒸笼蒸熟成糕，上有福、禄、寿、喜、年年有余、招财进宝、恭喜发财、五谷丰登等吉兆词语。老人做寿，亲朋贺寿，以寿糕作贺；孩子满月，以喜糕作礼；男女婚嫁喜庆、农家建房上梁、亲戚之间的礼尚往来，馈送喜糕，格外隆重，以稻箩盛喜糕，挑送至对方家。农村新屋上梁，瓦工在梁上向屋下观众、左邻右舍、亲眷宾朋抛掷糕、馒头以示庆贺，欢声笑语，场面热闹。民间在农业节日、喜庆热闹时要用糕，还以馒头、糕祭祀先人。

　　千百年来，丹阳民俗中，都用糕以取吉兆。春节期间，店家以米屑生产的糕，因其洁白无瑕，名"大雪片"；米屑中夹核桃仁的糕，名"胡桃糕"；米屑与芝麻粉合做的糕，称"芝麻糕"。丹阳里庄的芝麻糕，香甜可口，名传城乡。

漫话丹阳馒头

用小麦磨成的面粉加曲母发酵，做成"山"样的面食，入蒸笼蒸熟，南方人一般称"馒头"，北方人一般称"馍馍"。馒头无馅，若馒头有馅，就成了包子。

然而，丹阳却很特别，除了"生煎包子"外，不管有馅无馅一律称"馒头"，顶多区分一下"实心馒头"还是"包馅馒头"。丹阳人喜欢沿用《三国演义》里的故事告诉你"馒头"一词的由来，据《三国演义》九十一回："前军至泸水……兵不能渡。孔明遂问孟获，获曰：'……只要用七七四十九颗人头并黑牛白羊祭之，自会风平浪静。'……孔明唤行厨宰杀牛马，和面为剂，塑成人头模样，内装牛羊等肉，名曰'馒头'，代替人头使用。"

到了南朝，梁武帝下诏，以面代替牛猪羊三牲祭祀天地鬼神，这一做法沿袭至今。民间在"安住宅"时，均以面粉做"三牲"（称"满笼"），还有面鱼馒头等祭祀天地。在历史的进程中，馒头先是"祭祀供品"，后又转作食品，进入百姓饮食中。农历夏至日，丹阳城乡各地有吃"香油沾馒头"的习俗。香油，即油菜籽榨的油，今称菜油。夏至前，油菜籽、小麦皆获丰收，尝尝新麦粉做的馒头，沾点新鲜菜油，以示农家之乐，以庆丰收之喜。所以，夏至日家家都做馒头。

馒头制作简便，价廉物美。自从进入百姓家后，每到逢年过节、喜庆寿诞、新屋落成诸事，都有糕和馒头相配。人们祭祀祖宗，斋桌上供馒头；佛寺敬佛，也供上馒头，但不称"馒头"，而称"馒桃"或"面桃"。

现在，城乡群众在寿诞日、喜庆日又出现了将流行很广的面包、蛋糕改为蒸馒头的做法。可见，在丹阳，馒头的传统影响还是根深蒂固的。

林洪《山家清供》里的新丰酒法

南宋一位有心人用一本食谱，将诗与食这一雅一俗两件事物巧妙地结合在了一起，开创了中国饮食美学的先河。一盘青菜，一碗面片，在有心人眼中，充满人间烟火气息的菜肴也能有高雅至极的内涵。这就是林洪和他的《山家清供》。

林洪，福建泉州人，字龙发，号可山，南宋绍兴年间进士，善诗文书画，对园林、饮食也颇有研究，自认是"梅妻鹤子"林和靖的后人，著有《山家清供》《山家清事》《文房图赞》等。其《山家清供》记载有古代丹阳的"新丰酒法"，十分珍贵。

新丰酒法如下：

初用面一斗，糠醋三升，水二担，煎浆及沸，投以麻油、川椒、葱白，候熟浸米一石，越三日蒸饭熟，乃以元浆煎强半，及沸去沫，投以川椒及油，候熟注缸面，入斗许饭及面末十升，酵半升，既挠，以元饭贮别缸，以元酵饭同下，入水二担，面二十斤，熟踏覆之，既搅以木，越三四日止，四五日可熟，夏月约三二日可熟。其初余浆，又加以水浸米，每值酒熟，则取酵以相接续，不必灰曲，只磨木香皮，用清水溲作饼，令坚如石，初无他药。

仆尝以危巽斋子骖之新丰，故知其详。危君此时常禁窃酵，以专所酿，戒怀生粒，以全所酿，且给新屦，以洁所酿，透风以通其酿，故所酿日佳而利不亏。是以知酒政之微，危亦究心矣。陈存《丹阳道中》诗云："暂入新丰市，犹闻旧酒香。抱琴沽一醉，终日卧垂杨。"正其地也。沛中自有旧丰，马周独酌之地乃长安效新丰也。

《乾隆丹阳县志》物产精摘（卷之十）

谷 类

粳稻：即晚稻，昔名"粳"。《诗》谓之"稌"，籽粒颇壮，种有二十：曰香子、鲫鱼、灰鹤、时里、八月白、芦花白、浪里白、白莲子、红莲子、早红芒、晚红芒、青川黄、秆川黄、马尾乌、老了乌、下马看、块红芒、靠山黄、白芒、黄芒。又一种自占城来，粒差小，米色红，俗呼"别煞天"。《宋会要》：大中祥符五年，闻占城稻耐旱，遣使取其种，给江淮间种之。又有穜稑一种，俗名"红稻"，其栽宜晚。岁涝，早稻被淹，秋期种以备饥。总之，晚稻恒宜水浸，邑西乡者尤佳。

籼稻：即小稻，宜饭。种名有九：曰白尖、红尖、晚籼、六十日、八十日、一百日、观音籼、银条籼、芦叶籼。此稻略可耐旱，邑南沙田多种此。

糯稻：性粘凝，宜酒。为种二十有三：曰芒、曰香、曰晚、曰抄社、曰羊脂、曰牛虱、曰虎斑、曰柏枝、曰长秆、黄皮、矮箕、早白、中广、马鬃、雀嘴、秤勾、红芒、麻肋、早秋、风堆、子红、壳鳖。间或亦名异种同。惟邑东南乡近古荆城地数十里，糯米尤佳，贾称："酒米出三阳，丹阳尤最良。"

白黍：俗呼为"籼米粟"，性喜旱，穗忌风。三时雨少，高田种以备饥。

黑黍：俗呼为"糯米粟"，籽结较坚，不畏风落，米可治酒，味甘色赤，然艰于脱壳，故鲜种焉。又一种芒红，籽白，穗长条，自北来，逢旱亦间种此。

大粟：一名"稷"，苗似芦，高丈余，穗黑色，实圆重。《说文》："稷，五谷之长，谓独长于众谷也。"有二种，粳者，穗直而疏；糯者，穗环而密。又一种名珍珠粟，秆高似，味颇甘美。唐《地理志》："润洲贡黄粟。"今不贡。

大麦：即牟麦。长芒，白粒，十月至正月皆可种。早熟者曰"三月黄"，光洁者曰"元麦"。

小麦：一曰"来秋种"，夏收，得四时之气。种有五：曰赤壳、白壳、御河、宣州、蚕老。苏、杭间以小麦出蒋墅滕村者为上。又有荞麦，秋豆后种以补熟，赤秆，白花，三棱，黑实，出丈山等地者佳。

大豆：色有青、黄、黑、紫、褐，名有雁来青、雁来枯、痴黄、半下、黄铁壳、黄香珠、茶褐、荸荠、白果、牛啃庄、早绵青、乌豆、水白豆、马鞍豆，若黄豆，今不贡。豆以东乡沿漕渠者为佳。

小豆：有赤豆、绿豆、白豆、饭豆、小黑豆、龙爪豆、活狮豆、佛指豆、十六粒豆、红黑豇豆、黑白扁豆、刀豆。麦熟时先有蚕豆。豌豆最细，曰"滞豆"。又马料乌豆最益人，每日生食四十九粒，久服有效。

芝麻：古名巨胜，亦名"方茎"，有黑、白、赤三色。道家胡麻饭即此。陶隐居云："八谷之中，胡麻最良。"

蔬 类

菘菜：隆冬不凋，有松之操，故名。北人呼"春不老"，土名"白菜"。正月下子，谓之"看灯菜"。秋种冬盛，谓之"冬旺菜"。春薹撷食，旁复生苗。子可压油，又谓之"油菜"。

芥菜：青芥似菘，有毛，紫芥茎叶皆紫，子芳辛，研末可和食品。刘子翚诗："叶实抱芳馨，气烈消烦滞。"

菠薐：叶有棱而光泽，刘禹锡云："出西域颇陵国。""颇"讹为"波"。土人呼为"菠菜"，种后必过月朔乃生。能解酒毒，北人多食肉、面，食此则平；南人多食鱼、鳖、水米，食此则冷，不可多食。

苦荬：《诗》所谓"荼"也。《广韵》："江南呼为苦荬，吴人呼为苦苣。"可敷蛇虫咬处。

苋菜：有红白二种，煮食，易产，切忌与鳖同食。

韭：《礼记》名"丰本"，一名"草钟乳"，一名"起阳草"。《说文》云："一种而久，故谓之韭。"除胸中热，下气，令人能食，若多食则伤神。

葱：有数种，结实而秧种者名"青葱"，无实而分种者名"科葱"。抽茎高二尺许，歧生而作花者名"楼子葱"。凡葱皆杀鱼肉毒，本白末青，白冷，青热，忌与蜜同食。

葫：大蒜也。张骞使西域得其种。健胃，善消谷化肉，辟瘟疫气。生食、久食，伤肝气，损目。

蒜：小蒜也。生叶时可煮和食。

薤：似韭，叶阔多白，无实。杜子美诗："束比青刍色，圆齐玉箸头。"俗呼"藠子"，醋食之，是为菜芝。通神安魂魄，益气续筋骨，解毒。骨鲠食之即下。有赤、白二种，白者补而美。

芹：一名"水英"。作菹食，令人肥健嗜食，止烦热渴，和醋食，捐齿生黑。三月八日不可食。

甜菜：一名"莙荙"，土名"光菜"，茎灰，淋汁洗衣，白如玉色。

荠：俗名"班菜"，野生，味甘气温，利肝气，和中。其实名"蒫菉子"。主明目。

生菜：有二种，菜多者谓之"盘生"，极脆嫩，不胜烹瀹，止可生茹。杜诗："春日春盘细生菜。"

蒌蒿：生水泽中，叶似艾，青白色。

茼蒿：叶如艾，花如小菊，平气消水，饮然动风，气熏人心，不可多食。

葫荽：土人名"芫荽"，道家五荤之一，主消谷，通心窍，久食令人多忘，发口臭。小儿秃疮，煎油敷之。

蕨白：《尔雅》谓之"筑葰"，结实乃雕胡黑米也。葰内间有黑点，即刘子翚诗所谓"秋风吹折碧，削玉茹芳根。应傍鹅池发，中怀洒黑痕"也。

紫苏：味辛甘，开胃下食，煮汁饮之治蟹毒。面背皆紫者佳。

萝卜：《本草》名"莱菔"，带露锄则生虫。下气消谷，解面毒。

胡萝卜：元时始自外国来，叶似茴香，根黄，味甘香。有二种。

甘露子：茎叶如薄荷而纤弱，根壮如蚕。

蕨：不可生食，俭岁为粉，亦可疗饥。

香菜：似薄荷，土人采叶，以配黄瓜，食之香美。

薄荷：猫食之即醉，大病新瘥人不可食。

瓠：有圆、长二种，圆者去瓤后为瓢，名"瓠"。瓠甘，瓟苦。此土所产多圆，土人呼为"葫芦"。

山花菜：生岩石间，红莹可爱，味辛爽，或云即防风苗。

蓼：辛菜，土人但以制曲，不供疏茹。

鸡头菜：产水泽间，即芡梗。

枸杞菜：味苦寒，茎叶补气益精，除风明目。

龙芽：根大如小指，长寸许，洁白生脆，醋瀹作茹。

马兰：生水泽，味辛，可采为菜茹。

甘菊：叶香可茹，土人采以荐茶。

姜：存皮性凉，去皮性热。朱晦庵诗曰："姜云能损心，此谤谁与雪？请论去秽功，神明看朝彻。"

莴苣：中抽蒉薹，高三四尺，如笋，土人谓之"莴笋"。《漳浦志》云："有毒，百虫不敢近。"人言其茎节自生细虫，无目，为不利于目云。

山药：本名"薯蓣"。初避唐代宗讳豫，改名"薯药"。后避宋英宗讳曙，改名"山药"。一名"玉延"，其根嫩白益人。黄庭坚诗云："此解饥寒胜汤饼，略无风味笑蹲鸱。"有一种形如手掌，名"佛掌薯"。

芋：一名"土芝"，一名"蹲鸱"，农人多种以助岁计。《三都赋》所谓"济世丸"也。朱晦庵诗："沃野无凶年，正得蹲鸱力。区种万叶青，深煨奉朝食。"其茎可愈蜂蜇。

松蕈：出北山松林，其色有黄如蜡，碧如铜绿者味极香美。杨廷秀诗云："空山一雨山溜急，漂流桂子松花汁。土膏松暖都渗入，蒸出蕈花团戢戢。"谓此也。其产他处者有丹砂、黑墨、白玉诸色，味甘滑，间有苦者。防蛇毒，不可轻食。若香蕈生于冬，又别一种。

茄：属土，故甘而善降火，一名"落苏"，有紫、白二色，圆、长两种。

黄独：茎蔓花实，绝类山药，叶大而稍圆，根如芋而有须，味微苦。

紫菜：蔓茎，多子，叶圆厚，味软滑。

瓜 类

西瓜：《五代史》："胡峤随萧翰入西夏得其种，故名。"味甘寒，疗喉痹，消暑毒，有"天生白虎汤"之号。皮白色而长者，名"西番莲"；子肉俱黄者，名"御瓜"。邑东南乡多种之，味佳。

甜瓜：有绿，有黄，有花斑，香而小者佳。皮黄如金，大如鹅子者，名"金瓜"。止渴除烦热，通三焦壅塞，夏月不中暑气，疗口鼻疮，不可多食。落水沉者、双顶、双蒂者皆有毒，不可食。

菁瓜：皮青，长尺余，觖然如角。利肠，去烦热，亦解酒毒。

冬瓜：生苗蔓下，大如斗而长，皮厚，有毛。初生青绿，经霜则白如涂粉。除小腹水胀，止渴益气，耐老，热者食之佳，冷者食之瘦。

黄瓜：原名"胡瓜"，北人避石勒讳，称黄瓜，因而不改，非《月令》之"王瓜"也。不益人。

丝瓜：嫩可供茹，枯则去皮与子以涤器，因腹中有丝，故名。味甜、性冷。小儿痘初出，以近蒂三寸连皮烧，存性为末，沙糖调服，多者可少。亦可治男女恶疮、乳疽、疔疮等病。用老者连皮、筋、子全者烧，存性研末，三钱蜜调服。

木瓜：《尔雅》："楙，木瓜。"实如小瓜，禀得木之正，故入肝利筋骨。以蜜与糖煎之，或作糕，俱可食。

南瓜：一蔓十余丈，实如甜瓜，稍扁，有棱，色红，经霜可采，肉色黄。《本草》不载。

北瓜：俗呼"饭瓜"。

果 类

梅：花有白，有红，有绿，萼实。有圆消梅，葱管消梅、金定梅。以黄梅晒作浆水调饮，能消暑。黄庭坚诗："北客未尝眉自颦，南人夸说齿生津。磨钱和蜜谁能许，去蒂供盐亦可人。"谓此。

杏：性热，以梅枝接桃树生者曰"杏桃"，以桃枝接梅树生者曰"杏梅"。

桃：五木之精，仙木也。有绯白二种，而白者极少。其实之小而先熟者，曰"御爱桃""红穰离核桃"，品之佳者曰"金桃""饼子桃""红叶桃""水蜜桃""田桃""碧桃"，黑黄曰"昆仑桃"。曰毛桃者，品之下也。着树不落名"枭桃"，杀百鬼，服术人忌食之。又不可与鳖同食，以河庄沙桃为上。

李：品目亦多，颗大而色朱或紫者，有"相公""金沙""紫灰""善头""亢条""黄甘观音""御黄""麦熟"等名。其麦熟最早，圆小而脆美。最少者白李，高辛时，展上公食之而登仙，今尚有遗种。

樱桃：《礼记·月令》："羞以含桃，先荐寝庙。"果之重品也，先诸果实。许慎曰："莺之所含，故曰含桃。"《尔雅》名"褬桃"，补中益气，令人好颜色，多食令人吐。

枇杷：秋蕊冬花，春实夏熟。味甘，核大，能平肺气。一名"芦橘"，一名"四季花"，其叶寒暑无变。

来禽：俗呼"花红"，亦曰"林檎"。味甘美，熟则禽来喜食之。

葡萄：有青紫二种，蔓生，叶密多阴，益气力，疮疹不发。

石榴：有红、白二种，千叶者一名"丹若"。陆机与弟云书云："张骞使外国，得金林安石榴。"《酉阳杂俎》云："甜者谓之天浆，酸者入药，道家谓三尸酒。"云三尸得此果则醉，多食恋膈成痰。榴者，留也。范诗："日烘古锦囊，露浥红玛瑙。玉池咽清肥，三彭迹如扫。"

银杏：土名"白果"，《本草》云："味甘平，生痰，动风气。"同鳗鱼同食，令人软，小儿食之发惊。花夜开昼落。

栗：枝间缀花，青黄色，实有房。陶隐居云，相传有人患脚弱，往栗树下食数升，便能起行。此补肾之义，然宜生啖。观苏辙"老大自多腰脚病，山翁服栗旧传方"之句，知隐居之言不谬。种不一，有社栗，独颗栗，芽栗。一种极小而圆，独子，曰"茅栗"，土人谓之"糠栗"，即《尔雅》所谓"栭栗"也。

柿：《闻见后录》云：柿有七绝：'一寿，二多阴，三无鸟巢，四无虫蠹，五霜叶可玩，六嘉实，七落叶肥大。'味甘寒，朱果也。不可与蟹同食。种不一，大者曰"方柿"；就树熟者曰"树头红"；有以火煏而熟者，曰"烘柿"；以石灰汤焯而熟者，曰"烂柿"；小而圆者，火珠随者，曰"牛奶柿"。

橘：除痰滞，止呕逆，地土不相宜，然仿洞庭法植之，多有结实者。

橙：似柚而香，辟恶气，消食，醒宿酒。黄橙、绵橙、脆橙，可食。又一种大径三寸许，理盆而皮厚硬者，为木橙，不堪食。

香橼：一树可结数百，气甚清馥，逾年火炒之，可治胃气疾。

枣：味甘平，生者不益人，熟者补虚，久食轻身延年。一种酸枣，所谓樲棘类也。

梨：味甘酸，多食令人寒中。

梧桐子：煮食脆，炒食香，留数年不坏，鼠亦不耗。

山楂：土人谓"棠球"，又名"山里果"，又名"茅楂子"。

楙楂：《本草图经》曰："木、叶、花，实酷类木瓜，大而黄。欲辨之，看蒂间别有重蒂如乳者为木瓜，无此者为楙楂也。"又"榠楂"注云："似楂子而小。"《本草图经》曰："榠楂大抵类楂，但肤慢多毛，味尤甘。"今此土所产者，不过如桃杏大，与木瓜殊不相乱。乍食乍涩，味之转甘，岂所谓榠楂者欤。

莲实：补中安神，久服轻身，耐老不饥，多食令人喜。司马光诗："肉嫩山蜂子，棱深天马蹄。"

藕：俗云藕生应月，月生一节，闰辄益一节。花白者藕肥。

菱：四角、三角曰"芰"，两角曰"菱"。红者最早，为水红菱，又有紫色者，有青色者。味甘平。或云其花昼合宵开，随月转移。

芡：土人名为"鸡头"。《尔雅翼》云："芡花向日，菱花背日。"补中益精、开胃助气，蒸曝作粉食，令老延年。

茨菇：种田水中，叶有桠，壮似铧箭簇，根似芋而小，黄黑色，下石淋。多食发脚气瘫缓，损齿，今人失颜色。

荸荠：《尔雅》云："苗似龙须而细，根如拇指，黑色，味甘寒，可食。"《本草图经》云："服丹石人，尤宜此。"

《中国名酒志》里的丹阳封缸酒

酒液琥珀色至棕红色而明亮，香气醇浓、口味鲜甜，是我国江南糯米黄酒中风味独特、别具一格的浓甜型黄酒。酒度 14 度，糖分 28% 以上，总酸 0.3%。

丹阳是黄酒著名产地之一，封缸酒是丹阳黄酒中最优良的品种。评酒家们认为，此酒鲜味突出，甜性充足，酒度适中，醇厚适口，刺激性小，确为风味独特之黄酒佳酿。广大群众除了把它作为饮料佳品外，还看作一种滋补性饮料和烹调食物的优良佐料，既可解腥去邪，又可增加菜肴的鲜美。

丹阳黄酒在当地称为百花酒，这是因为有人曾用"味轻花上露，色似洞中泉"诗句赞美它而得名。

丹阳黄酒是我国历史悠久的名酒，在历史上也有许多不同的名称，如曲阿酒、宫酒、贡酒等，都是一代美酒的佳名。

丹阳在南北朝时，已以产美酒著名。《北史》记载，北魏孝文帝时期（471—499），向南朝进兵，任刘藻为将军，发兵之日，送行到洛水之南，孝文帝说："暂别了，我们在石头城相见吧！"刘藻回答道："我的才能虽不如古人，我想也不能把敌人留下吧！希望陛下到江南去，用曲阿酒来接待百姓。"曲阿就是丹阳。宋代人乐史写的《寰宇记》有一个关于丹阳美酒的故事："丹徒有高骊山，传云：高骊国女来此，东海神乘船致酒礼聘之，女不肯，海神拨船复酒流入曲阿。故曲阿酒美也。"曲阿湖是丹阳的练湖。这个故事虽是神话，但从侧面反映了人们对丹阳酒的喜爱。

元代人萨都剌著的《练湖曲》中说："丹阳使者坐白日，小吏开瓮宫酒香，倚栏半醉风吹醒，万顷湖光落天影。"曲中说的宫酒，当是丹阳酒又叫宫酒的来源。

丹阳酒曾经用丹阳产的一种色泽红润的籼米酿造，由于品质优异，在漫长的封建时代里，米和酒都被选为向皇帝进贡的贡品，所以又得"贡米""贡酒"之名。

丹阳有辛丰镇，又名"新丰"，是历史上产好酒的乡镇。宋代大诗人陆游在他写的《入蜀记》中说："过新丰小憩。李白诗云：'再入新丰市，犹闻旧酒香。'皆说此非长安之新丰。"丹阳新丰镇以有新丰湖得名，《元和志》中说它是东晋大兴年间，晋陵内史张闿所造。在宋代新丰酒市是很繁荣的，宋人汪莘作的《新丰市》一诗中说："通过新丰沽酒楼，不须濯脚故相畴。"到清代新丰镇仍然以产酒而著名，清代文史学家赵翼的《辛丰道中》说："过江风峭片帆轻，沽酒新丰又半程……向晚市桥灯火满，邮签早到吕蒙城。"

从以上的记述中，我们可以看到，一千多年来丹阳美酒，被人们称赞不绝的。

新中国成立前，丹阳黄酒在城镇和乡村都有生产，极为分散，规模不大。1958

年建立了丹阳酒厂，集酿酒名师于一堂，制定了统一工艺操作规程和质量标准，酒的产量和品质都获得了迅速的增长和提高。历年来行销全国，声誉日盛而供不应求。

封缸酒以元米——当地特产优质糯米为原料，这种糯米黏性足，颗粒大，糖化发酵后，糖分高，鲜味好，糟粕少，出率高。工艺特点是：以酒药为糖化发酵剂，在糖化发酵中，糖分达到最高峰时，兑加50度以上的小曲米酒，立即严密封闭缸口。养醅一定时间后，抽出60%的清液，再压榨出醅中的酒，二者按比例勾配（测定糖、酸分）定量灌坛再严密封口，贮存二至三年才为成品。

在历次四省一市黄酒协作会议上，丹阳封缸酒都被评入优质酒之前列，1971年，被评为江苏省名酒。

——选自曾纵野著《中国名酒志》，北京：中国旅游出版社，1982：90-92（略有改动）

镇江醋与曲阿酒

镇江醋为调味佳品，遐迩闻名，在昔且列为地方贡物，由来已久。然镇江至宋元以降，即为府名。先辖丹徒、丹阳、金坛三县。溧阳至雍正八年，始由江宁府来隶。所谓镇江醋者，并非近代之镇江县所产，乃我丹阳之特产品，因往昔呈贡方物，例以府州（直隶州）为单位，以领州（府辖州，又称散州）县之名，反而不彰。我邑县志物产志云，醋，俗云镇江醋，即指此也。邑人士恒携之远方，用以馈赠，持螯呼酒时得之，尤为珍品。宣统初，南洋劝业会给头等奖章。

又丹徒商贩，每年自丹阳贩运大批的醋，至府城销售，瓶上加贴镇江名醋之标贴，外界不察，每以此处，既以镇江名醋之贴为号召，必系镇江所产，殊不知此镇江二字，实系府名，而非实在产地之名。民初侪辈负笈京口，归时每有携带镇江名醋返里，而为尊长所笑话者。至我丹醋商，以贤桥附近之福源糟坊，最负盛名，闻系创自明末，已历三百余年矣。

又我丹特产糯米，品质冠全国，昔有酒米（糯米别称）出三阳（丹阳、溧阳、青阳），丹阳为最良之谚，农户多以所产之米酿酒，藉博厚利。酒有百花，及老陈之分。百花色白，俗传京口百花酒即此，说部：昔有高骊国女来，东海神乘船致酒礼聘之，女不肯，神拨船覆酒，流入曲阿，故曲阿酒甚美。清周玉瓒诗："湖里山神泼酒时，曲阿酒好古来知。"劝业会亦给头号奖有案。陈酒色黄，颇似绍兴酒，越陈越香，故名老陈，味亦绝类绍兴（绍兴酒之原料糯米，大部均系购自丹阳）。而为醉翁所嗜好云。（五五年、大华）

——选自朱沛莲编著《凝香楼随录》第二集，台湾文行出版公司，1985

饮食对联选辑

烹煮三鲜美；
调和五味羹。

嘉宾同安乐；
君子远庖厨。

叶根堪细嚼；
肉食鄙无谋。

怀中倾竹叶；
人面笑桃花。

四座了无尘半在；
八窗都为酒人开。

沽酒客来觉亦峰；
卖花人去路还香。

供饷十洲三岛客；
欢迎五湖四海人。

深宫御厨制佳肴，圣上独享；
路边饭店宰肥鸡，平民共尝。

——选自周国良、张青山编《丹阳县第一饮服公司史》（1956—1985）

访仙恒升坊官酱园招牌简介

清同治十一年（1872），丹阳西门外人士江沛来访仙经营恒升，其改革制度，扩大店面，增添品种，又增设了糟坊，开始大量做黄酒，从此恒升成了酱坊、淋坊、糟坊并存的综合企业。

恒升坊每年需要大量的原料盐，这个盐从何而来？起初，恒升的原料盐只能从非官方的私盐贩子那里取得，不但价格昂贵，质量也比较低劣。

光绪元年（1875），江沛请出了访仙桥地区的头面人物朱德昌、朱金丰和汤铭新等人，活动于上海、南京等地，终于获得了清政府江苏巡抚盐漕部院的批准，由访仙桥大商户刘广隆具保，两浙江南盐运使司发放了一块第壹号"官酱园恒升号"招牌。恒升从此打通了购买平价官盐的渠道，在丹阳商界的地位大大提高。

恒升现存的这块银杏木烙金招牌，表面经桐油浸润，长 67.5 厘米、宽 36 厘米、厚 3 厘米。招牌上部横刻"巡抚盐漕部院"，右方竖刻"两浙江南盐运使司详奉第壹号"，此下方刻"保商刘广隆"，招牌正中竖镌"官酱园"三个正楷大字，采用双线勾勒刻法。下方横刻"恒升号"三个字，牌子左侧竖刻"宪烙"，下为防伪火印，再下为"发丹阳县访仙桥铺户江沛"。"宪烙"二字及火印字形大于下行字形，以示庄重。所有字迹烙金，因年代久远，现招牌金色已经褪去，但招牌上字体隽秀圆润，刻工精细，远远看去，如同一幅精美的书法作品，极具欣赏价值。招牌顶部装有铜质挂件，四角铜皮包角已脱落不见。

这块官酱园招牌历尽百年沧桑，在"文革"中被老工人涂上石灰，当作食堂灶台板使用，直到 1990 年才被重新发现。它历尽磨难，幸存至今，更显珍贵。它是清代巡抚盐漕部院颁发的第壹号"官酱园"的招牌，而现今列入国家级"非遗"的上海钱万隆官酱园是第拾壹号。